oekom

Klimaneutral
Verlag
ClimatePartner.com/53585-1805-1001

Selbstverpflichtung zum nachhaltigen Publizieren
Nicht nur publizistisch, sondern auch als Unternehmen setzt sich der oekom verlag konsequent für Nachhaltigkeit ein. Bei Ausstattung und Produktion der Publikationen orientieren wir uns an höchsten ökologischen Kriterien. Dieses Buch wurde auf 100 % Recyclingpapier, zertifiziert mit dem FSC®-Siegel und dem Blauen Engel (RAL-UZ 14), gedruckt. Auch der Karton des Umschlags besteht zu 100 % aus mit dem FSC®-Siegel zertifiziertem Recyclingpapier. Alle durch diese Publikation verursachten CO_2-Emissionen werden durch Investitionen in ein Gold-Standard-Projekt kompensiert. Die Mehrkosten hierfür trägt der Verlag. Mehr Informationen finden Sie hinten im Buch und unter: http://www.oekom.de/allgemeine-verlagsinformationen/nachhaltiger-verlag.html

Bibliografische Information der Deutschen Nationalbibliothek:
Die Deutsche Nationalbibliothek verzeichnet diese Publikation in der Deutschen Nationalbibliografie; detaillierte bibliografische Daten sind im Internet über http://dnb.d-nb.de abrufbar.

Gesellschaft für ökologische Kommunikation mbH
Waltherstraße 29, 80337 München

Layout und Satz: Reihs Satzstudio, Lohmar
Lektorat: Antje Krause, Zühlsdorf
Korrektorat: Maike Specht, Berlin
Umschlaggestaltung: Mirjam Höschl, oekom verlag
Umschlagabbildung: © Vertyr/Shutterstock.com
Sonnentau-Signet: © yulimuli, 123rf.com
Abbildungen und Grafiken: Cornelie Jäger

Druck: Elanders GmbH, Waiblingen

ISBN 978-3-96238-220-9

MIX
Papier
FSC
FSC® C016368

Cornelie Jäger

Klimaschutz braucht Moorschutz

Warum Moorböden unsere besondere Aufmerksamkeit verdienen und was wir für sie tun können

Inhaltsverzeichnis

Vorwort 7

Einleitung 9

Niedermoor, Hochmoor, Anmoor 13
Moore weltweit und in Mitteleuropa 16
Niedermoore 18
Hochmoore 21
Anmoore und andere kohlenstoffreiche Böden 22
Was Moore nebenbei bewirken 24
Zustand der Moore 25

Speicherung von Treibhausgasen im Boden 29
Die großen Kreisläufe für Kohlenstoff und Stickstoff 30
Natürliche Kohlenstoffspeicher im Boden: Humus und Torf 32
Kohlenstoffvorräte im Boden 38

Treibhausgase aus Mooren 43
Zur Messung und Abschätzung von Treibhausgasemissionen 45
Treibhausgasbilanzen von Moorstandorten 47

Problematisch: Die bisherige Nutzung von Moorböden 53
Historische Moornutzung 54
Landwirtschaft auf Moorflächen 57
Moor- und Bruchwälder 60
Torfabbau 62
Folgen der Moornutzung 65

Moorschätze: Pflanzen, Tiere, Bohlenwege 71
Moore in der deutschen Biodiversitätsstrategie 71
Besondere Pflanzen in den Mooren 73
Tiere im Moor 76
Maßnahmen zugunsten des Artenschutzes 78
Moore als Archive der Evolution und Geschichte 79

Schutzmaßnahmen für Moore und Moorböden 81
Wiedervernässung 82
Grenzen, Hindernisse und Einwände 88
Maßnahmen rund um die Wiedervernässung 93
Nutzung wiedervernässter Moorflächen 94
Paludikulturen 96
Zeitpläne und Kosten für den Moorbodenschutz 101

Rechtsrahmen und Schutzprogramme für Moore und Moorböden 105
Rechtsvorgaben zum Schutz von Mooren und Moorböden 106
Schutzprogramme für Moorböden in Deutschland 109

Förderung und Finanzierung von Moorbodenschutz 121
Möglichkeiten im Rahmen der Gemeinsamen Agrarpolitik der EU . 122
Weitere Fördermöglichkeiten 125
CO_2-Zertifikate: Handel mit Emissionsrechten 126
CO_2-Steuer 129
Ausgleichsmaßnahmen als Moorschutzinstrument 130

Zusammenfassung und Ausblick 131

Literatur und Quellen 133
Abkürzungsverzeichnis 145
Register 146

Vorwort

Das Thema Klimaschutz geht alle an! Zum einen, weil uns die Auswirkungen der Erderwärmung immer deutlicher vor Augen stehen, und zum anderen, weil es viele Möglichkeiten gibt, zum Klimaschutz beizutragen. Ein besonders wirksamer und zugleich kostengünstiger Beitrag wäre der konsequente Schutz der Moore und Moorböden. Die Moorböden zu schützen könnte bei geeigneten politischen Rahmenbedingungen auch ein interessanter Weg für die Land- und Forstwirtschaft sein, einen großartigen Beitrag zum Klimaschutz zu leisten, ohne allzu große wirtschaftliche Einbußen hinnehmen zu müssen.

Wie Moorschutz zum Klimaschutz beitragen kann und wie sich Regierungen, Verbände und Individuen wirkungsvoll daran beteiligen können, soll hier in aller Kürze vorgestellt werden. Dabei werden sicherlich nicht alle Aspekte gleichermaßen ausführlich behandelt. Aber trotzdem ist hoffentlich eine interessante Zusammenstellung von Argumenten für künftige Diskussionen entstanden – ohne Vollständigkeit zu beanspruchen. Es handelt sich zudem um meine Perspektive als naturwissenschaftlich interessierter Mensch, aus der ich dieses faszinierende Thema betrachte, ohne selbst Moorkundlerin zu sein. Der Auslöser ist, dass ich der Debatte über Moorböden eine breitere Öffentlichkeit wünsche.

Meine bewährten Probeleserinnen und -leser mit ihren ganz unterschiedlichen beruflichen Hintergründen haben unzählige hilfreiche Anregungen und Hinweise zu diesem Buch beigesteuert. Ihnen gebührt mein besonderer Dank: Dr. Holger Axt, Ilka Baben, Maxi Karpeles, Vera Schmid-Dannert, Dr. Sylvia Wollensak und meinem Vater. Außerdem bedanke ich mich beim Greifswald Moor Centrum für diverse fachliche Anmerkungen und beim oekom verlag, weil er ermöglicht hat, dass dieses Buch realisiert werden konnte.

Stuttgart, im Mai 2020
Cornelie Jäger

Einleitung

Zurzeit findet ein rascher Anstieg der weltweiten Durchschnittstemperatur statt. Dadurch werden Wetterextreme, Klimaveränderungen, das Abschmelzen von Gletschern und ein Anstieg der Meeresspiegel ausgelöst. Diese Veränderungen bedrohen die Lebensbedingungen für Menschen, Tiere und Pflanzen weltweit.[1] Als wichtigste Auslöser für den Anstieg der weltweiten Temperatur gelten die immer größeren Mengen an klimaschädlichen Gasen in der Erdatmosphäre, die zu großen Teilen durch die Aktivitäten der Menschen erzeugt werden.[2] Diese Gase bewirken, dass ein größerer Anteil der Sonnenenergie als früher die Erdatmosphäre nicht mehr verlassen kann. Die Energie bleibt wie unter einer Glocke gefangen und bewirkt den Temperaturanstieg. Die Gase, die so zur Erderwärmung beitragen, werden deshalb auch als Treibhausgase bezeichnet.

Im Klimaschutzabkommen von Paris aus dem Jahr 2015 hat sich die weltweite Staatengemeinschaft darauf geeinigt, die globale Erwärmung auf deutlich unter 2 °C – möglichst 1,5 °C – gegenüber der vorindustriellen Zeit zu begrenzen. Deshalb müssen bis zum Jahr 2050 die Voraussetzungen dafür geschaffen werden, um auf der ganzen Welt klimaneutral zu leben und zu wirtschaften. Das bedeutet, in der Summe nicht mehr klimaschädliche Gase freizusetzen, als in irgendeiner Form zu binden oder einzusparen, indem sie erst gar nicht entstehen.

Für Deutschland hat die Bundesregierung im Klimaschutzplan 2050 festgeschrieben, dass bis zum Jahr 2030 55 % weniger Treibhausgase freigesetzt werden als im Jahr 1990; bis 2050 sollen es dann 80 bis 95 % sein.[3] Der

1 IPCC, 2018, S. 11 ff.

2 IPCC, 2014a, S. 40 ff.

3 Bundesministerium für Umwelt, Naturschutz, Bau und Reaktorsicherheit, 2016, S. 7 f.

Weltklimarat empfiehlt, vor allem die Emissionen von Kohlendioxid (CO_2), die durch menschliche Aktivitäten verursacht werden, möglichst rasch zu verringern und schließlich netto null zu erreichen, weil die Langlebigkeit von CO_2 eine langfristige Anreicherung in der Atmosphäre bewirkt. Für andere Treibhausgase wie beispielsweise das kurzlebigere Methan werden ebenfalls deutliche Verminderungen, aber keine vollständige Vermeidung gefordert.[4]

Treibhausgase und CO_2-Äquivalente

Besonders wichtige Treibhausgase sind Kohlendioxid (CO_2), Fluorchlorkohlenwasserstoffe, Methan (CH_4), Lachgas (N_2O) und Stickoxide. Treibhausgase sind unterschiedlich stark wirksam, können aber nach internationalen Regeln miteinander verglichen werden. Methan trägt beispielsweise im Zeitraum von 100 Jahren 25-mal stärker als CO_2 zur Erwärmung der Erdatmosphäre bei. Lachgas ist sogar 298-mal wirksamer als CO_2.[5]

Für viele Berechnungen wird deshalb die Menge eines Treibhausgases mit diesem Faktor für seine Wirksamkeit auf die CO_2-Wirkung umgerechnet. Dadurch erhält man sogenannte CO_2-Äquivalente (CO_2-Äq.). Diese CO_2-Äquivalente werden auch als Maßeinheit verwendet, wenn das Erderwärmungspotenzial verschiedener Emissionen, also ihre Wirkung auf die Temperaturentwicklung, zusammengefasst werden soll. Die CO_2-Äquivalente ermöglichen so einen Vergleich von Treibhausgasquellen mit unterschiedlichen oder wechselnden Emissionen, zu unterschiedlichen Zeitpunkten oder bei Veränderungen ihres Zustandes.

Die hier genannten Umrechnungsfaktoren für Treibhausgase werden für die nationale Treibhausgasberichterstattung verwendet. Es existieren aber auch andere Faktoren, beispielsweise um das Erwärmungspotenzial kurzlebiger Gase für einen kürzeren Zeitraum als 100 Jahre darzustellen.

4 IPCC, 2018, S. 10, 16 f.

5 Umweltbundesamt, 2019a, S. 89.

Zurzeit werden in Deutschland rund 900 Mio. t CO_2-Äq. im Jahr freigesetzt. Pro Kopf der Bevölkerung sind das jährlich knapp 11 t CO_2-Äq. Das ist mehr als das Doppelte des weltweiten Durchschnitts oder ungefähr das Sechsfache des Wertes für die Bevölkerung in Indien.[6] Große Mengen der Gase, die zum Treibhauseffekt beitragen, stammen aus der Nutzung fossiler Brennstoffe wie Öl und Kohle oder aus industriellen Prozessen. Insgesamt 103 Mio. t CO_2-Äq. im Jahr entstehen in Deutschland aber auch durch landwirtschaftliche Tätigkeiten. Davon werden 38 Mio. t CO_2-Äq. allein dadurch freigesetzt, dass Moorböden entwässert und landwirtschaftlich genutzt werden. Das entspricht mehr als einem Drittel der Treibhausgasmenge, die der Landwirtschaft zugerechnet wird, obwohl die Äcker und Wiesen auf Moorböden weniger als 8 % der Fläche ausmachen, die in Deutschland landwirtschaftlich genutzt wird. Es drängt sich deshalb geradezu auf, den Umgang mit den Moorflächen zu überdenken und so zu verändern, dass möglichst wenig Treibhausgase freigesetzt werden, wenn man die Klimabilanz der Landwirtschaft – aber auch des ganzen Landes – verbessern will.

Tabelle 1
Flächennutzung in Deutschland

Flächen	in Hektar (ha)
Durch Land- und Forstwirtschaft genutzte Fläche	28,9 Mio. ha[7]
Landwirtschaftliche Nutzfläche	16,7 Mio. ha[8]
Moorflächen insgesamt (mit Anmooren)	1,57[9] bis 1,82 Mio. ha[10]
Moorflächen (mit Anmooren), die als Acker oder Grünland genutzt werden	1,31 Mio. ha[11]
Moorflächen (mit Anmooren) unter Wald oder Gehölzen	0,30 Mio. ha[12]

6 https://data.worldbank.org/indicator/EN.ATM.CO2E.PC, aufgerufen am 21.02.2020.

7 Deutscher Bauernverband e. V., 2019, S. 13.

8 Deutscher Bauernverband e. V., 2019, S. 18.

9 Roßkopf et al., 2015, S. 163.

10 Umweltbundesamt, 2019a, S. 541.

11 Ebd.

12 Ebd.

Treibhausgase in Deutschland

Treibhausgasemissionen in Deutschland	in Tonnen (t) CO_2-Äq. pro Jahr
Aus allen Bereichen in Deutschland	ca. 900 Mio. t[13]
Aus Landwirtschaft (Tierhaltung, Düngung u. a.) und Landnutzung (Ackerflächen und Grünland), ohne die Herstellung synthetischer Düngemittel	103,5 Mio. t[14]
Aus organischen Böden (Moorflächen mit Anmooren), die als Acker und Grünland genutzt werden	38 Mio. t[15]

In diesem Buch werden vor allem die Situation der Moore in Deutschland und der Umgang mit diesen Flächen thematisiert. Grund dafür ist, dass in Deutschland der Anteil entwässerter Moore besonders hoch ist. Das Entwässern von Mooren stellt die wichtigste Ursache dafür dar, dass diese Flächen stark klimabelastend sind und der Anteil Deutschlands an den Klimagasemissionen aus Moorflächen weltweit und innerhalb der EU hoch ist.

13 Umweltbundesamt, 2019a, S. 68.

14 Umweltbundesamt, 2019a, S. 732 f.

15 Vgl. Tabelle 7 mit Einzelheiten.

Niedermoor, Hochmoor, Anmoor

Moore sind jahrtausendealte Lebensräume, die durch einen Überschuss an Wasser und torfbildenden Pflanzen entstanden. Häufig handelt es sich um gehölzarme oder gehölzfreie Offenlandschaften, die durch bestimmte Gräser, Moose und andere Pflanzen geprägt sind.

Abgestorbene Pflanzenreste verwesen wegen der Nässe in diesen Gebieten nicht vollständig. So bildet sich langsam Torf, eine besondere Variante von Humus. Torf besteht zu mindestens 30 % aus organischer, also ursprünglich belebter Materie in der Trockensubstanz. Wenn die Torfschicht eine Mächtigkeit, d. h. eine Dicke, von über 30 cm hat, dann wird dieses Gebiet üblicherweise als Moor bezeichnet, unabhängig davon, ob noch Torf gebildet wird oder nicht.[16, 17] Bei Gebieten mit weniger stark ausgebildeten Torfschichten bzw. einem geringeren Anteil organischer Substanz im Boden (15 bis <30 %) spricht man von Anmooren. Solche Böden entstehen unter unterschiedlichen Bedingungen und kommen beispielsweise in Auen, Sümpfen und anderen Feuchtgebieten vor. Vereinfacht stellen Moore und Anmoore wegen ihres hohen Humusgehaltes die sogenannten organischen Böden dar. Im Gegensatz dazu versteht man unter mineralischen Böden solche mit geringerem Humusgehalt und höheren Anteilen aus verwittertem Gestein. Die Grenzziehung zwischen organischen und mineralischen Böden wird allerdings nicht einheitlich gehandhabt und hängt von den verwendeten Merkmalen und Messmethoden ab.[18, 19]

16 Ad-hoc-Arbeitsgruppe Boden, 2005, S. 257.

17 Joosten et al., 2017a, S. 8.

18 Tiemeyer et al., 2013, S. 3 f.

19 Joosten et al., 2017b, S. 67.

Wichtige Begriffe zur Klassifizierung von Böden

Mineralische Böden (vereinfacht): Böden, deren Charakter und Zusammensetzung vor allem dadurch bestimmt werden, welches Ausgangsgestein verwittert ist und wie sich weitere Schritte der Bodenbildung auf die Gesteinspartikel auswirkten. Der Humusgehalt mineralischer Böden liegt unter 15 %, ihr Kohlenstoffgehalt ist begrenzt.

Organische Böden (vereinfacht): Böden mit mindestens 15 % Humusanteil und damit einem hohen Kohlenstoffgehalt. Die internationalen Definitionen beziehen sich direkt auf den Gehalt an organischem Kohlenstoff in den oberen Bodenschichten anstelle des Humusgehalts. Beispiele: Moorböden, Anmoorböden.

Moore lassen sich nach einer Vielzahl von Merkmalen in Gruppen einteilen. So werden zum beispielsweise stark vereinfacht Nieder- und Hochmoore nach der Form, den Entstehungsbedingungen und der Art der Wasserversorgung unterschieden. Die Begriffe Hoch- und Regenmoor werden hier gleichbedeutend verwendet, auch wenn in anderen Regionen der Erde weitere Ausformungen von regenwasserabhängigen Mooren, also Regenmooren, vorkommen.

Die zumeist flachen Niedermoore entstehen bei hohem Grundwasserstand, bei der Verlandung von Gewässern oder beim Zutritt von Oberflächenwasser. Das können beispielsweise durchströmende Bachläufe oder Überflutungen in Flusstälern sein. Mehr oder weniger stark aufgewölbte Hochmoore entwickeln sich vor allem dann, wenn torfbildende Pflanzen, in der Regel Torfmoose, so stark in die Höhe wachsen, dass der entstehende Torf nicht mehr vom mineralstoffreichen Grundwasser oder von Wasserläufen, sondern ausschließlich von nährstoffarmem Regenwasser gespeist wird. Hochmoore sind deshalb nährstoffarm und zudem sauer, weil die Torfmoose den pH-Wert des Wassers absenken können.

Die Unterschiede zwischen den Moorvarianten bestehen also vor allem darin, woher das Wasser der Moore stammt, welche Salze im Wasser gelöst sind, wie nährstoffreich es ist und welche Pflanzenarten sich deshalb behaup-

Abbildung 1

Niedermoor und Hochmoor, schematisch

Niedermoor

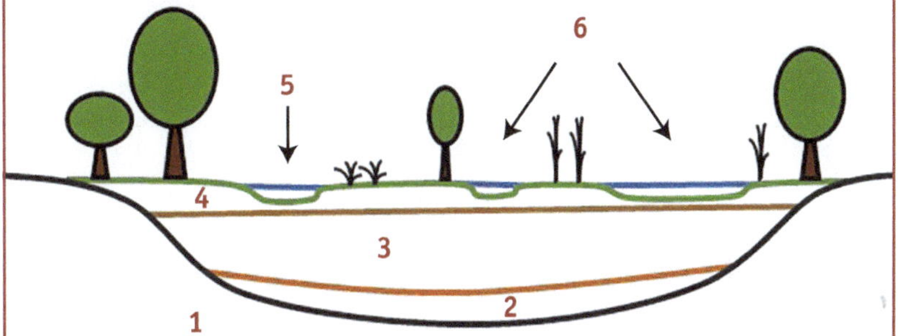

1 mineralischer Untergrund
2 angespültes Material (Mudde)
3 Torfkörper (Torfe mit unterschiedlicher Zusammensetzung)
4 wachsende Torfschicht
5 evtl. durchströmender Bach
6 evtl. verlandende Gewässerreste

Hochmoor

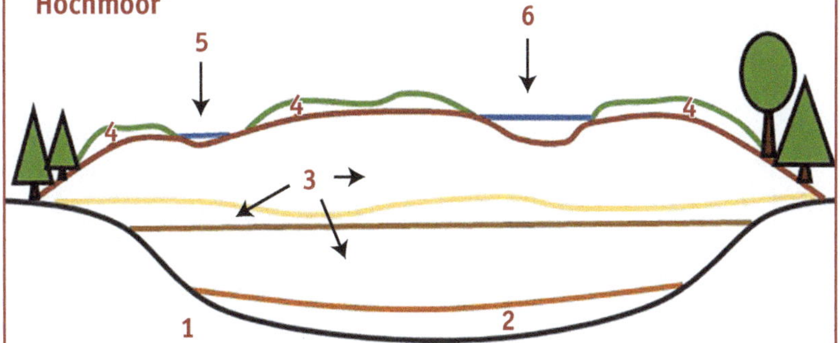

1 mineralischer Untergrund
2 angespültes Material (Mudde)
3 Torfkörper mit mehreren Schichten aus den verschiedenen Phasen der Entstehung
4 wachsende Torfschicht
5 Regenwasser ableitende Rille (Rülle)
6 Moorkolk

ten.[20, 21] Merkmale wie die Art der Wasserversorgung oder der Nährstoff- und Säure-Basen-Gehalt werden auch für unterschiedliche wissenschaftliche Einteilungen von Moortypen genutzt, auf die hier nicht detailliert eingegangen wird.

Außer den Hoch- und Niedermooren gibt es eine ganze Reihe von Zwischenvarianten und Mischformen. Häufig entstehen ganze Moorkomplexe mit unterschiedlichen Zonen aus Hoch-, Nieder- und Übergangsmooren, ober- und unterirdischen Wasserläufen sowie Rand- und Übergangsbereichen.[22]

Anhand von pflanzlichen und tierischen Überresten in den verschiedenen Torfschichten können die Entstehung eines Moores und die Umgebungsbedingungen in den verschiedenen Phasen zum Teil über Tausende von Jahren zurückverfolgt werden.[23]

Moore weltweit und in Mitteleuropa

Ungefähr 4 Mio. km^2 der Erdoberfläche, also 400 Mio. ha, werden von Mooren einschließlich Anmooren bedeckt. Das entspricht knapp 3 % der Landfläche auf der Erde. Die umfangreichsten Moorflächen findet man in Kanada, Alaska, Nordeuropa und Westsibirien, in Südostasien und in Teilen des Amazonasbeckens, wo mehr als 10 % der Landfläche durch Moorböden bedeckt werden. Mitteleuropa gehört mit ungefähr 5 % moorbedeckten Flächen ebenfalls zu den relativ moorreichen Gebieten. Der überwiegende Teil der Moore in Europa entstand in den letzten 15.000 Jahren. Aus deutlich älteren Mooren, die sich bereits vor Millionen Jahren entwickelten, sind heutige Braun- und Steinkohlevorkommen entstanden.[24]

In Mitteleuropa werden drei große moorkundliche Räume unterschieden: der niederländisch-nordwestdeutsche Raum, die von den Alpen geprägten moorreichen Gebiete in Süddeutschland, im westlichen Österreich und in der Schweiz sowie als dritter Raum das nordostmitteleuropäische Tiefland mit Ostdeutschland, Nord- und Mittelpolen. Unterschiedliche Klimabedin-

20 Dierßen u. Dierßen, 2008, S. 14 f.

21 Joosten et al., 2017a, S. 34 ff.

22 Joosten et al., 2017a, S. 54 ff., 63.

23 Dierßen u. Dierßen, 2008, S. 24 ff.

24 Joosten u. Succow, 2001, S. 2 f.

gungen und geologische Voraussetzungen haben die Moorentwicklung in diesen drei Räumen beeinflusst.[25] Neben den Mooren dieser drei Gebiete gibt es einige Moore in den Mittelgebirgen, wie beispielsweise im Hohen Venn oder im Schwarzwald.[26]

Tabelle 2
Flächenverteilung auf der Erde 2019

	Quadratkilometer (km^2)[27]	Anteil an der Landfläche
Landfläche	149 Mio.	
Landwirtschaftlich genutzte Fläche	51 Mio.	34 %
Wälder	39 Mio.	26 %
Gletscher, Wüsten u. Ä.	43 Mio.	29 %
Busch	12 Mio.	8 %
Siedlungen	1,5 Mio.	1 %
Seen, Flüsse	1,5 Mio.	1 %
Zum Vergleich	*in den genannten Kategorien enthalten*	
Moore inkl. Anmoore	ca. 4 Mio.[28]	3 %

Innerhalb von Mitteleuropa nimmt der Anteil der Niedermoore an den Moorflächen von West nach Ost und von Nord nach Süd zu.[29] Gut erkennbar ist das beim Vergleich der niedersächsischen Moore mit denen in Mecklenburg-Vorpommern. Ein wichtiger Grund für diese Unterschiede ist die abnehmende Niederschlagsmenge in den östlicheren Regionen, die von kontinentalerem Klima geprägt sind. Geringere Niederschläge, höhere Temperaturen und stärkere Verdunstung sind wichtige Gründe, warum in südlicheren Regionen Europas Moore selten sind. Dort gibt es wenige, zum Teil

25 Succow, 2001a, S. 1.
26 Dierßen u. Dierßen, 2008, S. 138.
27 Ritchie u. Roser, 2019, ohne Seitenangabe.
28 Parish et al., 2008, S. v.
29 Dierßen u. Dierßen, 2008, S. 42.

sehr alte Moore, deren Entstehung nicht so stark wie im Norden oder in den Alpen durch den Rückgang der eiszeitlichen Gletscher beeinflusst wurde.[30]

Moore tragen auch – mit regionalen Unterschieden – die Bezeichnung Filz, Moos, Ried, Fenn, Bruch oder Luch, wobei Moos meistens auf ein Niedermoor und Filz auf ein Hochmoor hinweist.

Niedermoore

Niedermoore werden von Wasser durchströmt, das je nach Untergrund mehr Nährstoffe und Salze enthält als das Regenwasser, durch das die Hochmoore gespeist werden. Das Wasser in den Niedermooren hat bereits Substanzen aus dem mineralischen Boden der Umgebung aufgenommen, bevor es als Grund- oder Sickerwasser, als verlandender See, durchströmender Bachlauf oder sumpfige Flussaue zur Torfbildung beiträgt. Deshalb beherbergen Niedermoore meist andere Pflanzen als Moore, die ausschließlich durch Regenwasser versorgt werden.

Charakteristische Pflanzen in Niedermooren sind vor allem Seggen und Braunmoose. Der Wasserstand in Niedermooren ist zeitweise so hoch, dass Teile der Flächen überflutet werden. Wenn Niedermooroberflächen aus natürlichen Gründen oder durch Entwässerung trockenfallen, dann breiten sich rasch Gehölze wie Weiden und Erlen aus. Der Aufwuchs auf sehr nassen Niedermoorwiesen, der in vielen Gegenden im Herbst nach einmaligem Mähen getrocknet wurde, wird von den Tieren ungern gefressen und wurde zum Einstreuen in den Ställen verwendet. Wiesen mit solchem Bewuchs werden deshalb auch als Streuwiesen bezeichnet. In den Randbereichen von Niedermooren findet man neben Bruchwäldern häufig sogenannte Röhrichte, also einen dichten Bewuchs aus Schilf und Rohrkolben.[31]

Das zumeist größere Angebot an Pflanzennährstoffen führt zu einer abwechslungsreicheren und üppigeren Vegetation der Niedermoore im Vergleich zu den Hochmooren. Dementsprechend nährstoffreicher ist auch der Torf der Niedermoore.[32] Große Niedermoore findet man vor allem in weiten Tälern wie den Schmelzwasserrinnen aus der Eiszeit, mehr oder weniger

30 Moen et al., 2017, S. 97 f., 109 f.

31 Kaule u. Göttlich, 1990, S. 13 ff.

32 Kaule u. Göttlich, 1990, S. 7.

abflusslosen Mulden oder bei verlandenden Seen. Solche Bedingungen gibt es vor allem im nordöstlichen Mitteleuropa und im Voralpenland.[33] Niedermoore sind meistens eben, schwach geneigt oder bilden eine leichte Senke. Die Mächtigkeit der Torfschichten kann selbst bei landwirtschaftlich genutzten Niedermoorböden knapp 6 m betragen.[34]

Bekannte Beispiele für Niedermoore sind die Moorflächen im Peenetal in Mecklenburg-Vorpommern oder die Niedermoorflächen des Murnauer Mooses in Bayern, einem Moorkomplex, der auch Übergangs- und Hochmooranteile umfasst.

Abbildung 2
Moorkomplex: Murnauer Moos

33 Kaule u. Göttlich, 1990, S. 13.

34 Jacobs et al., 2018, S. 217.

Abbildung 3

Hochmoor: Regenwasserabfluss in einem Moorgebiet, Hohes Venn

Hochmoore

Hochmoore unterscheiden sich von den Niedermooren schon durch ihre Oberflächenform. Sie können sich mehrere Meter über dem Untergrund aufwölben. Das wird häufig als uhrglasförmig beschrieben.

Weil Hochmoore ausschließlich durch Regenwasser gespeist werden, können sie nur in regenreichen Gegenden entstehen. Sie sind stark von einem intakten Wasserhaushalt abhängig. Aufgrund der extremen Standortbedingungen – Nässe, vielfach Nährstoffarmut und kühl-feuchtes Mikroklima – sind sie von Natur aus eher artenarm. Die kennzeichnendsten Pflanzenarten in Hochmooren sind Torfmoose, die enorme Mengen an Wasser speichern und nur langsam wieder abgeben. Die Torfmoose wachsen an ihrem oberen Ende in die Höhe, während sie an ihrem unteren Ende absterben und vertorfen.[35] Jedes Jahr entsteht so in intakten Hochmooren eine Höhenzunahme von einigen Millimetern, an die sich alle anderen Pflanzen anpassen müssen. Weil das Wasser der Hochmoore nicht nur besonders nährstoff-, sondern auch sauerstoffarm und sauer ist, läuft die Zersetzung von abgestorbenen Pflanzenresten und anderem organischen Material nur sehr langsam ab. Dadurch können mächtige Torfschichten aufgestapelt werden.[36]

Zwischen den Torfmoospolstern wachsen weitere charakteristische und hoch spezialisierte Pflanzen wie Wollgras, Sonnentau oder bestimmte Heidekrautgewächse, zum Beispiel die Moosbeere. Hochmoore sind zudem weitestgehend gehölzfrei.[37] Nur an den geneigten, trockeneren Rändern, den sogenannten Randgehängen, können Gehölze Fuß fassen. Je mehr Moorflächen austrocknen, umso stärker dominiert Heidekraut[38], genauer Besenheide.

Hochmoore kommen in Mitteleuropa vor allem im nordwestdeutschen Flachland, in den Mittelgebirgen, dem Voralpengebiet und den Alpen vor.[39] Im Mittel- und Hochgebirge sind Hochmoore häufig am Hang oder auf Kuppen ausgebildet, nachdem vor 10.000 Jahren zunächst Versumpfungen und schließlich Niedermoore in Mulden und Hangdellen entstanden

35 Kaule u. Göttlich, 1990, S. 18.

36 Kaule u. Göttlich, 1990, S. 7.

37 Niedersächsisches Ministerium für Umwelt, Energie und Klimaschutz, 2016, S. 22.

38 Kaule u. Göttlich, 1990, S. 22 ff.

39 Kaule u. Göttlich, 1990, S. 18 f.

waren.[40] Auch in Nordwestdeutschland sind viele Hochmoore über Niedermooren aufgewachsen, was man an der Zusammensetzung der tieferen Torfschichten nachvollziehen kann.[41] Bekannte Hochmoorregionen sind die Diepholzer Moorniederung in Niedersachsen oder das fast vollständig entwässerte Bourtanger Moor an der Grenze zu den Niederlanden.

Als Übergangs- oder Zwischenmoor werden Gebiete bezeichnet, in denen die ökologischen Bedingungen der Hoch- und Niedermoore ineinander übergehen. In diesen Zonen wachsen neben Hoch- und Niedermoorarten auch Pflanzen, die für sie charakteristisch sind. Dazu zählen wiederum bestimmte Seggen und Binsen, aber auch Gehölze wie Moorbirken und Moorspirken, eine Kiefernvariante. Übergangsmoore können auch direkt in sehr nährstoffarmen Gewässern, wie beispielsweise den Karseen, entstehen. Dort bilden sich schwimmende Torfmoosdecken, die sogenannten Schwingrasen, die den See ganz langsam vollständig überziehen können.[42]

Anmoore und andere kohlenstoffreiche Böden

Neben echten Moorböden mit mindestens 30 cm dicker Torfschicht gibt es weitere humusreiche Böden, die großteils als Anmoor bezeichnet werden. Dazu zählen u. a. Moorgleye und Organomarschen. Auch die durch Menschen gestalteten Sanddeckkulturen sind eine Bodenform, die durch Torf bestimmt ist.[43]

Unter natürlichen Bedingungen zeigen Moorgleye mit einer Torfmächtigkeit von 10 bis unter 30 cm eine beginnende Moorbildung an.[44] Das Grundwasser steht lange Zeit während des Jahres nahe der Oberfläche. Moorgleye sind sehr empfindliche Böden. Wenn man sie ackerbaulich nutzt und die flachen Torfschichten mit den darunterliegenden Sanden vermischt, dann wird die organische Substanz relativ schnell abgebaut.

Torfdecken mit weniger als 30 cm Mächtigkeit treten aber nicht nur am Anfang der Moorentstehung auf. Sie können genauso durch Torfzersetzung

40 Dierßen u. Dierßen, 2008, S. 43.

41 Eggelsmann, 1990a, S. 293.

42 Kaule u. Göttlich, 1990, S. 9, 26 f.

43 Niedersächsisches Ministerium für Umwelt, Energie und Klimaschutz, 2016, S. 14.

44 Ad-hoc-Arbeitsgruppe Boden, 2005, S. 248.

entstehen, nachdem Moorböden entwässert wurden. Im Vergleich zu den Moorgleyen weisen diese Böden allerdings einen sogenannten Vererdungshorizont auf, also eine Schicht, bei der sich Torf zersetzt hat und der mineralische Anteil höher ist als zuvor. Anhand des Anteils organischer Substanz kann unterschieden werden, ob Torf gebildet oder zersetzt wird.

Flächen, die früher als Moormarsch bezeichnet wurden, sind Niedermoore mit einer sogenannten Kleimarschauflage. Sie haben sich in küstennahen Bereichen infolge des Meeresspiegelanstiegs gebildet, indem Niedermoortorfe durch Meeresablagerungen überdeckt wurden. Auf solchen Standorten werden die tiefer liegenden Torfe durch die darüberliegende ton- oder lehmreiche Schicht vor der Zersetzung geschützt, sodass selbst Grünlandnutzung kaum zu Torfverlusten führt. Durch tiefes Pflügen würde die Kleiauflage allerdings mit den darunterliegenden Torfen vermischt, wodurch sich die Eigenschaften der Standorte erheblich verschlechtern würden. Solange solche Flächen nicht ackerbaulich genutzt werden, haben sie keine Bedeutung für den Klimaschutz.[45]

Organomarschen entstehen aus flachen Gewässern und deren Ablagerungen in der Marsch. In die Sedimente, die durch den Einfluss der Gezeiten entstanden, sind häufig geringmächtige Torfschichten eingelagert.[46] Bei hohen Grundwasserständen bilden sich dort Schwefelsalze, die allerdings zu Schwefelsäure oxidieren, wenn der Wasserstand abgesenkt wird und Sauerstoff zutreten kann. Die Organomarschen versauern dann. Wegen dieser sauren Bedingungen werden die Organomarschen oft als Grünland mit hohen Grundwasserständen genutzt. Bisher ist noch wenig über die Stabilität der organischen Substanz in den Organomarschen, vor allem bei Entwässerung und Nutzung, bekannt.[47]

Weitere anmoorige Böden sind während der Kultivierung von Mooren entstanden. Auch diese Böden können klimarelevant sein. Die sogenannten Sanddeckkulturen wurden vor allem auf hofnahen Flächen zur Verbesserung der Trittfestigkeit von Hochmoorgrünland angelegt, indem die Torfe mit 15 bis 20 cm dicken Sandschichten überdeckt wurden. Der Schutz des Torfes vor mikrobieller Zersetzung ist dabei aber nicht vollständig. Die Zersetzung

45 Niedersächsisches Ministerium für Umwelt, Energie und Klimaschutz, 2016, S. 14.

46 Ad-hoc-Arbeitsgruppe Boden, 2005, S. 253.

47 Niedersächsisches Ministerium für Umwelt, Energie und Klimaschutz, 2016, S. 14.

wird verstärkt, wenn die unter dem Sand liegenden Torfe durch Bodenbearbeitung an die Oberfläche geholt werden. Sandmischkulturen wurden früher nach Torfabbau oder auf Mooren mit mittlerer bis geringer Torfdecke angelegt, indem die Torfschicht mit den darunterliegenden Sanden tief gepflügt wurde. Diese Böden werden in der Regel ackerbaulich genutzt. Die Schichtung im Boden wird allerdings durch das Tiefpflügen stark verändert, und der Moorcharakter geht verloren.[48]

Was Moore nebenbei bewirken

Moore sind nicht nur Biotope mit speziellen Böden und ganz besonderen Pflanzen und Tieren. Sie spielen keineswegs nur für den Arten- oder den Klimaschutz eine bedeutende Rolle. Moore haben weitere wichtige Funktionen für die angrenzenden Lebensräume. Von besonderer Bedeutung sind Moore für den Wasserhaushalt der Umgebung und für den Nährstoffgehalt in den angrenzenden Böden und Gewässern. Wichtig ist außerdem ihre Filterfunktion für Schadstoffe.

Naturnahe Moore bestehen zu 70 bis über 90 % aus Wasser.[49] Durch die Quellfähigkeit der Torfe und wegen der Fähigkeit der Vegetation aufzuschwimmen können in Mooren prinzipiell große Wassermengen langfristig gespeichert werden. Niedermoore und andere Niederungsböden können nach Regenfällen große Wassermengen auch durch Flächenüberstau zurückhalten, also durch stehendes Wasser auf den Flächen, und so den Abfluss des Wassers verzögern. Das bremst die Hochwasserentstehung in Bächen und Flussläufen. Durch Entwässerungseinrichtungen kann dieser verlangsamende Effekt jedoch zunichtegemacht werden. Letztlich ist die Wirkung entwässerter Moore auf die Bildung von Hochwasserspitzen in den Bächen und Flüssen allerdings schwer vorherzusagen und hängt von den örtlichen Bedingungen in der sogenannten Speicherkaskade ab. Insgesamt sind die Abflussmengen aus Niedermooren aber gleichmäßiger als aus Hochmooren, deren Wasserabfluss in Trockenzeiten ganz versiegen kann.[50, 51]

48 Ebd.

49 Eggelsmann, 1990a, S. 288, 305.

50 Edom, 2001, S. 206.

51 Niedersächsisches Ministerium für Umwelt, Energie und Klimaschutz, 2016, S. 38.

Natürliche und naturnahe Moore, vor allem die von nährstoffreichem Wasser gespeisten Niedermoore, können nicht nur Kohlenstoff binden und speichern, sondern auch andere Nährstoffe. Dazu zählen vor allem Stickstoff und Phosphor,[52] aber auch Schadstoffe, die im Pflanzenaufwuchs der Moore, in den dortigen Mikroorganismen oder im neu gebildeten Torf gebunden werden. So wirken Moore bzw. ihre Torfkörper nicht nur als Speicher, sondern auch als Filter für das durchströmende Wasser. Diese Fähigkeiten lassen sich auch durch künstlich angelegte Feuchtgebiete nutzen.[53] Durch die von Regenwasser gespeisten Hochmoore wird dagegen nährstoffarmes Sicker- und Oberflächenwasser an die umliegenden Gewässer abgegeben, was zu einer Verdünnung der Nährstofflast führt.

Insgesamt leisten naturnahe Moore durch die Verringerung von Nährstoffeinträgen einen wichtigen Beitrag zur Sicherung der Qualität des Grundwassers und der Gewässer. Sie können wesentlich dazu beitragen, die Nährstofffrachten aus dem Binnenland in die Oberflächengewässer und letztendlich in die Meere zu senken.[54,55] Durch Entwässerungsmaßnahmen ist diese natürliche Funktion der Moore allerdings teilweise verloren gegangen. Durch die mikrobielle Zersetzung des Torfes nach der Entwässerung und durch zusätzliche Düngemaßnahmen auf den entwässerten Standorten gelangen Nährstoffe, die nicht pflanzlich verwertet werden, mit dem Dränwasser in das Grundwasser und die Oberflächengewässer. Das kann insbesondere beim Phosphor ein gravierendes Problem für den Gewässerschutz darstellen.[56]

Zustand der Moore

Weltweit wurden mittlerweile 20 % der ursprünglich wachsenden Moore außerhalb der Tropen gestört oder zerstört. In Europa beläuft sich dieser Anteil auf 50 bis 60 %, und für Deutschland muss davon ausgegangen werden, dass ungefähr 99 % der Moore in ihren natürlichen Funktionen

52 Gelbrecht et al., 2001, S. 38 f.

53 Koppisch, 2001a, S. 40 f.

54 Niedersächsisches Ministerium für Umwelt, Energie und Klimaschutz, 2016, S. 38.

55 Schleswig-Holsteinischer Landtag, 2011, S. 10.

56 Ministerium für Landwirtschaft und Umwelt Mecklenburg-Vorpommern, 2017, S. 18.

Tabelle 3

Moorflächen inkl. Anmoore in Deutschland, moorreiche Länder (in ha, zum Teil ungefähre Angaben)

Land	Moorflächen insgesamt (mit Anmooren)	Anteil an den Moorflächen in Deutschland	Anteil der Moorflächen an der Landesfläche	Hochmoore	Niedermoore	Anmoore und sonstige organische Böden
Niedersachsen[57]	530.000	29 %	11 %	208.000	187.000	135.000 (und Sanddeckkulturen)
Mecklenburg-Vorpommern[58, 59]	290.000	16 %	12,5 %	4.682	266.537	keine Angaben
Brandenburg[60]	263.000	14 %	9 %	—	165.000	98.000
Schleswig-Holstein[61]	161.000	9 %	10 %	28.500	99.500	32.500
Bayern[62, 63]	219.476	12 %	3 %	22.886	196.590	mit Niedermooren erfasst
Baden-Württemberg[64]	45.176	2,5 %	1,3 %	3.580	31.906	9.643 (+47 undifferenziert
Deutschland insgesamt	1.823.922[65]		5 %	ca. 20 %*	ca. 60 %*	ca. 20 %*

*ungefähre Anteile, errechnet mit Daten aus Roßkopf et al., 2015, S. 164.

57 Niedersächsisches Ministerium für Umwelt, Energie und Klimaschutz, 2016, S. 26.

58 Antwortschreiben des Landesamtes für Umwelt und Natur Mecklenburg-Vorpommern vom 05.02.2020.

59 Ministerium für Landwirtschaft und Umwelt Mecklenburg-Vorpommern, 2017, S. 8.

60 Antwortschreiben des Landesamtes für Umwelt Brandenburg vom 10.02.2020.

61 Landesamt für Landwirtschaft, Umwelt und ländliche Räume des Landes Schleswig-Holstein, 2016, S. 16.

62 Landesamt für Landwirtschaft, Umwelt und ländliche Räume Schleswig-Holstein, 2012, S. 13.

63 Antwortschreiben des Bayerischen Landesamtes für Umwelt vom 12.02.2020.

64 Ministerium für Umwelt, Klima und Energiewirtschaft Baden-Württemberg und LUBW Landesanstalt für Umwelt, Messungen und Naturschutz Baden-Württemberg, 2017, S. 26.

65 Umweltbundesamt, 2019a, S. 541.

beeinträchtigt sind.[66,67] Mit der Entwässerung und Kultivierung der Moore für die land- oder forstwirtschaftliche Nutzung und die Torfgewinnung ist die ursprüngliche Vegetation weitgehend verschwunden, und die Moore sind Teil der Kulturlandschaft geworden. In diesen Mooren unterbleibt die Torfbildung, und der vorhandene Torf wird immer weiter mikrobiell zersetzt.[68] Für diese Moorflächen sind dringend umfassende Schutz- und Renaturierungsmaßnahmen erforderlich.

66 Joosten u. Couwenberg, 2001, S. 406.

67 Couwenberg u. Joosten, 2001, S. 411.

68 Niedersächsisches Ministerium für Umwelt, Energie und Klimaschutz, 2016, S. 14.

Speicherung von Treibhausgasen im Boden

Mehrere Treibhausgase, vor allem Kohlendioxid (CO_2), Methan (CH_4) und Lachgas (N_2O), gehören zu zwei wichtigen Stoffkreisläufen auf der Erde: dem Kohlenstoff- und dem Stickstoffkreislauf. Beide Kreisläufe werden stark durch den Verbrauch fossiler Energieträger wie Öl und Kohle beeinflusst. Von Bedeutung ist aber auch, was im Zusammenhang mit der Speicherung von klimarelevanten Substanzen im Boden geschieht.

Pflanzen wachsen und sterben ab. Für ihr Wachstum benötigen sie Nährstoffe aus der Umgebung. Deshalb haben sie vielfältige Mechanismen entwickelt, um ihren Bedarf aus der Luft, aus dem Boden und aus dem Wasser zu decken. Man kann sagen, dass sie Nährstoffe – dazu zählt auch CO_2 – einfangen und für ihr Wachstum nutzbar machen. Bei manchen Substanzen erhalten sie dabei Unterstützung durch Bakterien, die ebenfalls Nährstoffe aufbereiten.

Wenn die Pflanzen absterben, werden Blätter, Stängel, Blüten und Wurzeln, also ihre gesamte Biomasse, nach und nach zersetzt. Dies Aufgabe übernehmen viele verschiedene Tierarten und noch viel mehr Bakterien. Bei der Zersetzung werden die Nährstoffe, die die Pflanzen gespeichert haben, letzten Endes wieder freigesetzt. Unter bestimmten Bedingungen findet allerdings keine vollständige Zersetzung des pflanzlichen Materials statt. Dann kann Humus entstehen, der sich mit dem Boden vermischt und die Nährstoffe über längere Zeit speichern kann. Eine besondere Form von Humus ist Torf, der wiederum für Moorböden charakteristisch ist.

Die großen Kreisläufe für Kohlenstoff und Stickstoff

Anders als Tiere können Pflanzen Licht direkt als Energiequelle für die Bildung bestimmter Substanzen und damit für ihre Entwicklung und ihr Wachstum nutzen. Durch diese besondere Fähigkeit, die Photosynthese, können sie aus dem CO_2 in der Luft komplexere Stoffe als Energiespeicher (z. B. Zucker) und als Bausubstanzen (z. B. Cellulose) herstellen. Dabei entziehen sie der Atmosphäre CO_2 und binden es in Pflanzenmasse. Während der Photosynthese bilden Pflanzen als Nebenprodukt Sauerstoff, den die Pflanzen selbst, aber auch alle Tiere einschließlich der Menschen zum Atmen benötigen.

Abgestorbenes Pflanzenmaterial wird dagegen durch vielfältige Zersetzungsprozesse wieder in die Ausgangssubstanzen zerlegt. Wenn dieser Abbau vollständig verläuft, dann bleiben am Ende CO_2 und Stickstoffverbindungen, Wasser und Mineralstoffe übrig. Dies alles kann von anderen Pflanzen oder Mikroorganismen erneut verwendet werden. Wenn der Abbau – beispielsweise bei Sauerstoffmangel – nur teilweise stattfindet, dann kann aus Pflanzenresten auch das Gas Methan gebildet werden und in die Umgebung

Abbildung 4
Kohlenstoffkreislauf, schematisch

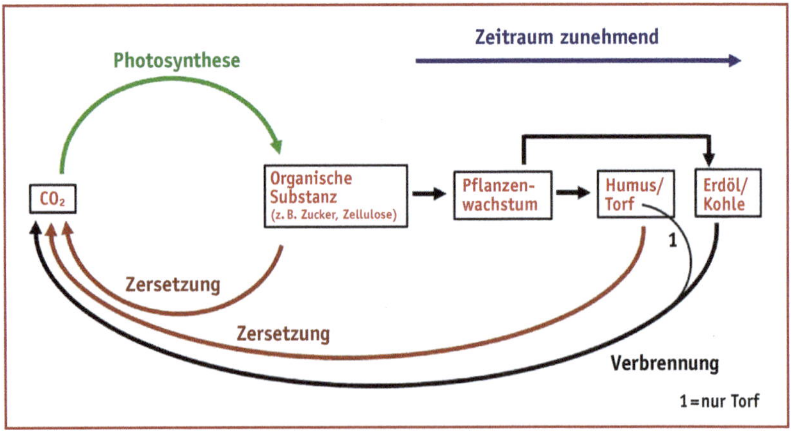

gelangen. Je nach den sonstigen Bedingungen können bei unvollständiger Zersetzung der organischen Substanz aber auch verschiedene Humusarten einschließlich Torf entstehen. Bei bestimmten langfristigen Bedingungen wie höheren Temperaturen und hohem Druck werden Kohle und Erdöl aus den Pflanzenresten gebildet. Sowohl Humus einschließlich Torf wie auch die fossilen Brennstoffe sind deshalb Speicherformen von CO_2, genauer Kohlenstoff, die erst mit größerer Verzögerung oder durch Verbrennen das CO_2 wieder freisetzen.

Andere Treibhausgase wie Lachgas, Stickoxide und das indirekt klimawirksame Ammoniak gehören zum Stickstoffkreislauf. Stickstoff ist für alle Lebensformen eine unverzichtbare Substanz, weil er sowohl in Proteinen wie auch der Erbsubstanz als Baustein vorkommt. Große Mengen Stickstoff liegen als Gas in der Luft vor. Diese elementare Form ist sehr stabil und wenig reaktiv. Davon zu unterscheiden ist biologisch leicht verwendbarer Stickstoff, der als reaktiv bezeichnet wird. Für die Umwandlung des elementaren in reaktiven Stickstoff wird viel Energie benötigt. Zum einen können Blitzschläge oder Verbrennungsvorgänge den hohen Energiebedarf für die Spaltung des elementaren Stickstoffs liefern. Zum anderen kann der elementare Stickstoff auch biologisch durch bestimmte Bakterien und Blaualgen genutzt werden. So wird er gebunden und schließlich in eine Form überführt, die für Pflanzen und andere Lebewesen verwertbar ist.

Bei der Zersetzung von organischer Substanz – also von Pflanzenresten, abgestorbenen Kleinstlebewesen, anderen tierischen Bestandteilen, aber auch von Humus und Torf – wird der Stickstoff ähnlich wie der Kohlenstoff wieder freigesetzt. Solche Freisetzungsprozesse, die man auch als Mineralisation bezeichnet, werden zum großen Teil durch Kleinstlebewesen im Boden bewerkstelligt. Aus den organischen Stickstoffverbindungen im Boden bilden Mikroben zunächst Ammoniak und Ammonium. Beide Substanzen werden über eine Zwischenstufe in Nitrat umgewandelt. Der Stickstoffkreislauf wird geschlossen, wenn weitere Bodenbakterien aus Nitrat schließlich wieder gasförmigen elementaren Stickstoff bilden, der in die Luft abgegeben wird.[69] Unter manchen Bedingungen wird Nitrat im Boden allerdings auch zu Stickoxiden und Lachgas umgebaut, die dann unkontrolliert aus dem Boden in die Atmosphäre entweichen.

69 Schubert, 2018, S. 116 ff.

Abbildung 5

Stickstoffkreislauf, schematisch

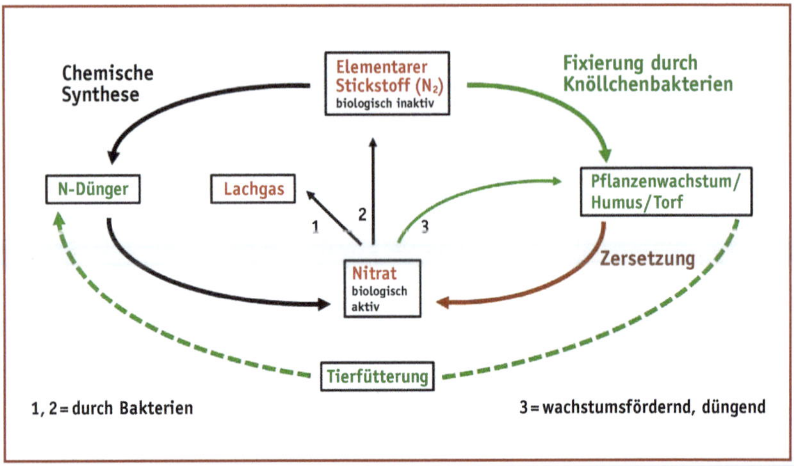

Sowohl der Kohlenstoff- wie auch der Stickstoffkreislauf sind inzwischen vor allem durch neuzeitliche Aktivitäten der Menschen aus dem Gleichgewicht gebracht worden. Damit ist die allgegenwärtige Nutzung fossiler Brennstoffe genauso gemeint wie das Übermaß einer intensiven Tierhaltung oder die künstliche Herstellung riesiger Mengen von Stickstoffdüngemitteln. Das alles führt letztlich dazu, dass der CO_2-, Methan- und Lachgasgehalt in der Atmosphäre zunimmt[70] und ein erheblicher Überschuss an düngenden Stickstoffverbindungen in Böden und Gewässern besteht.[71]

Natürliche Kohlenstoffspeicher im Boden: Humus und Torf

Boden ist keineswegs nur der Standort für das Wachstum von Pflanzen. Boden besteht aus unbelebten, anorganischen Bestandteilen, die aus der Verwitterung des Ausgangsgesteins entstehen, und organischen Anteilen. Die organische Ausgangssubstanz wird als Streu bezeichnet. Streu ist totes

70 IPCC, 2014a, S. 4 f.

71 Schubert, 2018, S. 195.

organisches Material, das beim Absterben von Pflanzen, Tieren und Mikroorganismen entsteht.

Die Umwandlung von Streu und anderen organischen Bodenbestandteilen durch Bodenmikroben und größere Lebewesen wie Regenwürmer in Huminstoffe wird als Humifizierung bezeichnet. Dabei entsteht im Verlauf mehrerer Phasen Humus, der den größten Anteil der organischen Substanz im Boden darstellt. Die Umwandlungsprozesse, die zur Bildung von Humus führen, verteilen sich nicht gleichmäßig im gesamten Boden, sondern finden in bestimmten unterschiedlich stark ausgeprägten Schichten statt.[72]

Humus ist nicht immer gleich

Je nachdem, unter welchen Bedingungen die Humifizierung abläuft und welche Schichten mit unterschiedlichen Gehalten an Streu oder Huminstoffen entstehen, können sich verschiedene Humusarten entwickeln. Beispiele dafür sind Rohhumus, Mull und Moder oder die stärker unter dem Einfluss von Grund- und Oberflächenwasser entstehenden Torfe. Die Humusvarianten unterscheiden sich u. a. dadurch, wie stark die Streu zersetzt ist, und in ihrem Gehalt an Kohlenstoff und Stickstoff.[73] Weitere Unterscheidungen ergeben sich daraus, wie schnell die Humusbestandteile um- und abgebaut werden können bzw. wie fest Nährstoffe in ihnen gebunden sind.

Ob Huminstoffe, d. h. die Spaltprodukte der organischen Substanz, angereichert oder abgebaut werden, hängt davon ab, wie viel organische Substanz in den Boden eingetragen bzw. wie viel mineralisiert, also abgebaut, und letztendlich abtransportiert wird. Für alle mineralischen Böden gilt, dass es je nach Bodentyp in überschaubaren Zeiträumen zu einem Gleichgewicht zwischen dem Aufbau der organischen Substanz im Boden und deren Abbau, also der Mineralisierung, kommt.[74] Der Anteil organischer Substanz lässt sich in einem mineralischen Boden dann nicht mehr vermehren.[75]

72 Stahr et al., 2016, S. 65 f., 74 f.

73 Stahr et al., 2016, S. 75.

74 Hüttl et al., 2008, S. 81.

75 Grosse-Brauckmann, 1990, S. 177.

Wichtige Begriffe zur Stoffspeicherung im Boden

Humus: überwiegender Bestandteil der organischen Substanz in Böden, der durch die Zersetzung von Pflanzenresten (Streu) und anderen abgestorbenen Lebewesen entsteht.

Torf: Humusvarianten, deren Bildung durch einen Überschuss an Wasser und einen Mangel an Sauerstoff geprägt ist.

Senke: Landschaftselemente mit bestimmten Voraussetzungen, in denen Substanzen wie z. B. CO_2 oder Nitrat aus der Umgebung (Luft, Wasser) aufgenommen und fixiert werden, sodass die Substanzen anschließend in einer Speicherform vorliegen; Beispiele: wachsender Wald, wachsende Moore.

Speicher: bereits abgelagerte Substanzen, die allerdings wieder freigesetzt werden können; Beispiele: Holz, Humus, Kohle.

Humifizierung: Prozess, der zur Bildung von Huminstoffen, d. h. Humus, führt.

Mineralisierung: Zersetzung von organischer Substanz in kleinste Bausteine wie CO_2, Wasser, Stickstoffverbindungen, Spurenelemente, Mineralstoffe u. a.

Torfbildung

Wie beim Humus lassen sich auch beim Torf verschiedene Varianten unterscheiden. Diese Varianten spiegeln die Entstehungsgeschichte des Torfkörpers wider und werden von den torfbildenden Pflanzen am jeweiligen Standort bestimmt. Die Zersetzung der organischen Substanz wird vor allem von der Temperatur, der Verfügbarkeit von Sauerstoff, der Beschaffenheit der Pflanzenreste und der Aktivität der Bodenorganismen beeinflusst. Hohe Temperaturen fördern den Abbau der organischen Substanz, während Sauerstoffmangel im wassergesättigten Milieu und schwer abbaubare Bestandteile der Pflanzen (Lignin, Wachse, Harze, Gerbstoffe u. a.) hemmend wirken. Bei der Entstehung von Torfen kommt hinzu, dass es in wachsenden Mooren wenig Bodenlebewesen gibt, die zur Zerkleinerung der Pflanzenreste beitragen.[76] Grundsätzlich gilt, je weiter die Zersetzung fortschreiten kann, umso weniger lassen sich Pflanzenreste identifizieren und umso mehr nimmt der Anteil an Huminstoffen im entstandenen Torf zu.[77]

Bei der Zersetzung von organischer Substanz lassen sich drei Prozesse unterscheiden: Verwesung, Vermoderung und Fäulnis. Bei der Verwesung wird die organische Substanz unter Anwesenheit von Sauerstoff durch Mikroorganismen vollständig abgebaut. Vermoderung nennt man dagegen die unvollständige Verwesung von schwer abbaubaren Substanzen wie beispielsweise verholzten Pflanzenteilen. Dabei kann Sauerstoff vorhanden sein oder auch fehlen. Fäulnis ist schließlich die Zersetzung unter Sauerstoffmangel, die von anaerob lebenden Organismen bewerkstelligt wird. Die Bildung von Torf ist ein gemischter Prozess. Ganz oben, d. h. oberhalb des Wasserspiegels, dominiert Vermoderung, unterhalb dagegen Fäulnis.[78] In den obersten Schichten der Moore mit ihren zum Teil deutlich schwankenden Wasserspiegeln findet die eigentliche Torfbildung in diesem Wechselspiel aus Zersetzung und Abbruch des Zersetzungsprozesses durch Wassersättigung und damit verbundenem Sauerstoffmangel statt. In den tiefer liegenden, dauerhaft wassergesättigten Schichten der Moore endet die Zersetzung weitgehend.[79] Es findet allerdings die Bildung von Methan statt, die bei der Klimagasbilanz von Mooren berücksichtigt werden muss. Außerdem verändern sich die geschilderten Prozesse grundlegend, wenn es zur Entwässerung des Torfkörpers kommt, sei es aus natürlichen Gründen oder durch Menschenhand.

Auch wenn bei der Torfbildung mehr als die Hälfte der ursprünglichen Trockensubstanz der Pflanzen verloren geht, bewirkt der unvollständige Abbau der Biomasse, dass es zur Ablagerung von organischer Substanz kommt. Diese Ablagerungen wachsen an Ort und Stelle von unten nach oben auf und bilden Schichten. Die durchschnittliche Zunahme der Schichtdicke von Torf in einem Jahr wird auf knapp 1 mm geschätzt. Nur unter besonders günstigen Umständen kann eine größere Zunahme erreicht werden.[80] Allerdings ist diese besondere Art der Speicherung von organischer Substanz – anders als bei der Humusansammlung in mineralischen Böden – unter natürlichen

76 Koppisch, 2001b, S. 12 f.

77 Grosse-Brauckmann, 1990, S. 184 f.

78 Dierßen u. Dierßen, 2008, S. 48.

79 Grosse-Brauckmann, 1990, S. 181.

80 Grosse-Brauckmann, 1990, S. 177.

moortypischen Bedingungen nicht durch ein Gleichgewicht zwischen Torfaufbau und -abbau begrenzt. Moore können deshalb dauerhaft organische Substanz und damit Kohlenstoff bzw. CO_2 ansammeln,[81] also gewissermaßen stapeln. In Mitteleuropa können wachsende Moore auf diese Weise pro Jahr bis zu 1,6 t CO_2 je Hektar binden.[82] Die Voraussetzung dafür sind jedoch ausreichend hohe Wasserspiegel, die die Zersetzungsprozesse stoppen. Der Wasserspiegel muss bei wachsenden Mooren deshalb mit in die Höhe wandern, was vor allem durch das Wasserhaltevermögen der Moorpflanzen zustande kommt.[83]

Torfarten

Zur Unterscheidung von Torfen werden vor allem der Zersetzungsgrad der Pflanzenreste und das Spektrum der torfbildenden Pflanzen herangezogen. Weitere Merkmale sind die Textur, die Farbe, der Anteil anorganischer Bestandteile oder der Luft- und Wassergehalt.

Die Zersetzung der torfbildenden Pflanzen geschieht bei hohen Temperaturen, Luftzutritt, wenig sauren Bedingungen und höherem Nährstoffgehalt schneller als bei Nährstoffarmut, saurem Milieu, anhaltender Wassersättigung, kühlen Temperaturen und schwer abbaubaren Pflanzenbestandteilen. Deshalb sind Niedermoortorfe in der Regel stärker zersetzt als Hochmoortorfe. Wegen der sauren Bedingungen in Hoch- und Übergangsmooren findet man in Torfen dieser Moore verhältnismäßig viele gut erhaltene Pflanzenreste.[84]

In nährstoffreichen, von Gräsern und Kräutern dominierten Niedermooren gehen hauptsächlich die unterirdischen Pflanzenanteile, also Wurzeln und unterirdische Triebe, in die Torfbildung ein. Grund dafür ist, dass nur dort sauerstoffarme Bedingungen herrschen, die die Zersetzung hemmen. Der oberirdische Teil der Pflanzen wird dagegen mit Ausnahme von Früchten und Samen vollständig abgebaut, vor allem dann, wenn der Eiweißanteil in den Pflanzenresten vergleichsweise hoch ist. Je nährstoffärmer ein Standort ist und je weniger Protein deswegen in der Pflanzenmasse vorkommt, umso

81 Grosse-Brauckmann, 1990, S. 177.

82 Ministerium für Landwirtschaft, Umwelt und Verbraucherschutz Mecklenburg-Vorpommern, 2009, S. 15.

83 Grosse-Brauckmann, 1990, S. 183.

84 Grosse-Brauckmann, 1990, S. 189.

mehr verzögert sich der Abbau der oberirdischen Pflanzenbestandteile.[85] Aufgrund der größeren Artenvielfalt in Nieder- und Übergangsmooren findet sich in den dort gebildeten Torfen eine größere Artenvielfalt bei den pflanzlichen Überresten. Allerdings lassen sich die Pflanzenreste wegen der stärkeren Zersetzung unter den dortigen Bedingungen häufig nicht mit bloßem Auge zuordnen. Relativ gut erkennbar sind dagegen Holzreste, manche unterirdischen Triebe krautiger Niedermoorpflanzen oder Samen und Früchte von Gräsern. Unterschieden werden beispielsweise Schilf-, Seggen-, Moos- und Bruchwaldtorfe.[86]

In Hochmooren kommt den Torfmoosen eine Schlüsselrolle bei der Torfbildung zu. Sie selbst leiten eine Versauerung des gebildeten Torfs ein und kontrollieren auf diese Weise das chemische Milieu ihres eigenen Lebensraumes. Die Zellwände der Torfmoose sind schwer zersetzbar, weshalb das abgestorbene Material der Torfmoose von den Bodenlebewesen nur langsam und unvollständig abgebaut wird. Unter natürlichen Bedingungen kann so die Torfbildung schneller voranschreiten als der Verlust von Torf durch vollständigen Abbau.[87] Dies kann zu den mächtigen, aufgewölbten Torfkörpern in Hochmooren führen.

Neben den Überresten der Moose findet man in Torfen der Hochmoore, aber auch in Übergangsmooren häufig Reste von Heidekrautgewächsen (Besenheide, Moorbeere u. a.) und Faserschöpfe von Wollgras, z. B. in Wollgras-Reiser-Torfen, oder auch Bestandteile bestimmter Sauergräser.[88] Vor allem in Nordwestdeutschland wird bei den Hochmoortorfen außerdem zwischen dem jüngeren, weniger zersetzten Weißtorf von hellerer Farbe und dem älteren, stärker zersetzten Schwarztorf unterschieden. Weiß- und Schwarztorf bilden dort gut erkennbare Schichten im Profil der Hochmoore.[89]

85 Dierßen u. Dierßen, 2008, S. 57.

86 Grosse-Brauckmann, 1990, S. 207 ff.

87 Dierßen u. Dierßen, 2008, S. 9.

88 Grosse-Brauckmann, 1990, S. 194 ff.

89 Grosse-Brauckmann, 1990, S. 205.

Kohlenstoffvorräte im Boden

Humus- und Torfbildung haben dazu geführt, dass viel organische Substanz und damit Kohlenstoff in Böden gespeichert wird. Bekannter ist, dass Kohlenstoff bzw. CO_2 in Holz gebunden wird. Weltweit betrachtet, ist aber die Menge an organisch gebundenem Kohlenstoff in den Böden ungefähr dreimal so groß wie die Kohlenstoffmenge in allen Lebewesen zusammen, einschließlich aller Bäume. Der Vorrat an organisch gebundenem Kohlenstoff in den Böden ist außerdem ungefähr doppelt so groß wie der Kohlenstoffgehalt in der Atmosphäre.[90]

Betrachtet man die Speicherung von organischem Kohlenstoff in verschiedenen Ökosystemen, dann fällt auf, dass Moore und Feuchtgebiete weltweit trotz ihres geringen Flächenanteils mit über 650 Mrd. t gebundenem Kohlenstoff den größten Speicher darstellen, gefolgt von Grasland – also allen grasbewachsenen Flächen weltweit – und erst an dritter Stelle den Wäldern. Die Kohlenstoffvorräte von Grasland werden mit 588 Mrd. t, die von Wäldern mit 372 Mrd. t Kohlenstoff beziffert. Damit speichern Feuchtgebiete und Moore weltweit fast doppelt so viel Kohlenstoff wie Wälder, bedecken aber weniger als ein Fünftel der Fläche im Vergleich zu Wald.[91]

Allein in den Böden der EU-Länder werden über 70 Mrd. t Kohlenstoff gespeichert. Ungefähr ein Viertel davon entfällt auf Moorböden, obwohl sie nur 7 % der Fläche einnehmen.[92] Nach aktueller Datenlage werden in Deutschland mindestens 1.568.300 ha Fläche als organische Böden eingestuft, die bis zu einer Tiefe von 2 m zusammen fast 1,3 Mrd. t Kohlenstoff speichern.[93] In der Realität speichern die organischen Böden in Deutschland noch mehr Kohlenstoff, weil die Kohlenstoffmengen, die in einer größeren Tiefe als 2 m lagern, in dieser Studie nicht berücksichtigt wurden. Für die offizielle Treibhausgasberichterstattung wird außerdem von einer größeren Fläche ausgegangen.

90 Gobin et al., 2011, S. 4.

91 Lal, 2015, S. 16 f.

92 Gobin et al., 2011, S. III, S. 3.

93 Roßkopf et al., 2015, S. 163, 167.

Tabelle 4
Kohlenstoffspeicherung in Moor- und Anmoorböden

Kohlenstoffspeicher	Fläche in ha	Gespeicherte Kohlenstoffmenge in Mrd. t
Organische Böden weltweit	400.000.000[94]	500 ± 100[95]
Organische Böden in der EU[96]	31.000.000	17
Organische Böden in Deutschland	1.823.922[97]	mindestens 1,3
Wälder in Deutschland	10.400.000	2,3

Die besondere Bedeutung der organischen Böden als Kohlenstoffspeicher wird auch für Deutschland beim Vergleich mit Wald deutlich. Die in den Wäldern in Deutschland sowohl ober- wie auch unterirdisch gespeicherten Kohlenstoffmengen werden auf 2,3 Mrd. t geschätzt. Allerdings verteilt sich diese Menge auf 10,4 Mio. ha. Je nach Baumarten und -alter werden im Wald 120 bis 190 t Kohlenstoff pro Hektar gespeichert, während es in Moorböden je nach Schichtdicke 170 bis 1.400 t pro Hektar sein können.[98]

Aktuelle Ergebnisse der Bodenzustandserhebung für die landwirtschaftlich genutzten Flächen in Deutschland bestätigen den enormen Umfang der Kohlenstoffspeicherung in organischen Böden. Für die Moor- und moorähnlichen Böden, die nach dieser Erhebung rund 6 % der landwirtschaftlich genutzten Böden ausmachen, wird ein durchschnittlicher Vorrat an organischem Kohlenstoff im obersten Meter von 515 t pro Hektar protokolliert. Das ist das Vierfache im Vergleich zur Kohlenstoffspeicherung im Durchschnitt aller Böden (128 t pro Hektar). Die Moor- und moorähnlichen Böden speichern alleine im obersten Meter ein Viertel des organischen Kohlenstoffvorrates in den landwirtschaftlich genutzten Böden in Deutschland.[99]

94 Joosten, 2009, S. 9.

95 https://eartharxiv.org/hynm7/, aufgerufen am 14.05.2020.

96 Gobin et al., 2011, S. III, S. 3.

97 Umweltbundesamt, 2019a, S. 541.

98 Roßkopf et al., 2015, S. 167.

99 Jacobs et al., 2018, S. II, 252.

Umrechnungsfaktoren

1 t organisch gebundener Kohlenstoff entspricht 1,72 t Humus oder 2 t Torf. Bei bodenkundlichen Untersuchungen wird im Labor der Gehalt an organisch gebundenem Kohlenstoff (C_{org}) bestimmt. Dieser Wert wird dann mit 1,72 bzw. 2 multipliziert, um den Gehalt des Bodens an Humus bzw. Torf zu errechnen.[100] Dabei wird unterstellt, dass Humus zu 58 % und Torf zu 50 % aus Kohlenstoff besteht.

1 t Kohlenstoff entspricht 3,7 t CO_2. Kohlendioxid besteht zu 27 % aus Kohlenstoff. Eine Tonne organisch gespeicherter Kohlenstoff könnte zu 3,7 t Kohlendioxid umgewandelt werden.

1 t Humus entspricht rund 2 t CO_2. Dabei wird ebenfalls ein Kohlenstoffgehalt von 58 % im Humus zur Berechnung angenommen.

1 t Torf (trocken) entspricht knapp 2 t CO_2. Dabei wird wieder der Kohlenstoffgehalt von 50 % im Torf zur Berechnung verwendet.

Dabei ist noch nicht berücksichtigt, dass gerade in den Torfkörpern erhebliche Kohlenstoffmengen in Tiefen von mehr als 1 m abgelagert sind.[101] Die höchsten Kohlenstoffvorräte pro Hektar Fläche wurden für Niedermoorböden dokumentiert.[102]

Solange Moore wachsen und Torf bilden, können sie außerdem weiteres Kohlendioxid aus der Luft aufnehmen und ablagern. Die dauerhafte zusätzliche Ablagerung von Kohlenstoff aus der Atmosphäre liegt in intakten Hochmooren zwischen 200 und 300 kg Kohlenstoff pro Hektar und Jahr, in natürlichen Niedermooren zwischen 140 und 300 kg. Dies entspricht der Bindung von 0,5 bis etwas mehr als einer Tonne CO_2 pro Hektar im Jahr.[103]

Sowohl die geschilderten Prozesse zur Humus- und Torfbildung wie auch die großen Mengen an Kohlenstoff, die bereits als organische Substanz gespeichert vorliegen, sind für die Klimadebatte bedeutend. Zum einen

100 Ad-hoc-Arbeitsgruppe Boden, 2005, S. 111.

101 Jacobs et al., 2018, S. 212.

102 Jacobs et al., 2018, S. 218.

103 Niedersächsisches Ministerium für Umwelt, Energie und Klimaschutz, 2016, S. 8.

müssen die bereits bestehenden Kohlenstoffspeicher erhalten werden, und es darf möglichst wenig CO_2 aus ihnen freigesetzt werden. Zum anderen muss man darüber diskutieren, ob und wie eine neue, zusätzliche Bindung und Festlegung von Klimagasen stattfinden kann. Bei Moorschutzmaßnahmen bedeutet dies, dass es sowohl um den Erhalt der Torfkörper geht wie auch um die Fähigkeit von wachsenden Mooren, CO_2 laufend zu Torf umzubauen und so zu fixieren.

Treibhausgase aus Mooren

Torfe bestehen je nach Zusammensetzung aus 30 bis rund 60 % Kohlenstoff in ihrer Trockensubstanz.[104, 105] Wenn Torfe mit Sauerstoff aus der Luft in Berührung kommen, dann werden sie vollends zersetzt. Dabei entstehen große Mengen Treibhausgase, die in die Umgebung entweichen. Es handelt sich dabei vor allem um CO_2 und Lachgas (N_2O).

Die Zersetzung von Torfen, die zur Entstehung dieser beiden Treibhausgase führt, wird durch Austrocknung wegen Regenmangels oder wegen Hitze, vor allem aber durch Entwässerung beschleunigt. Über die Poren im Torf kommt es zum Sauerstoffzutritt und zu deutlichen Veränderungen bei den Bodenlebewesen. In unberührten Mooren sind die Keimzahlen in Torfen im Vergleich zu Mineralböden gering. Bei Entwässerung und durch Düngung nehmen allerdings diejenigen Bodenbakterien zu, die den Abbau der organischen Substanz vorantreiben.[106]

Das dritte wichtige Treibhausgas aus Mooren, das Methan, entsteht dagegen gerade nicht bei Anwesenheit von Sauerstoff. Methan wird gebildet, wenn bestimmte Bakterien unter Sauerstoffabschluss pflanzliche Reste, sonstige organische Materialien oder eben Torf vollständig abbauen.

Gase, die im Torf entstehen, können entweder über die luftgefüllten Poren im entwässerten Torf oder durch Blasen im wassergesättigten Zustand entweichen. Bei Methan kommt außerdem der besonders schnelle Transport durch das Innere bestimmter Pflanzen dazu, die im Gegenzug Sauerstoff

104 Dierßen u. Dierßen, 2008, S. 60.

105 Roßkopf et al., 2015, S. 166 f.

106 Dierßen u. Dierßen, 2008, S. 59.

Abbildung 6
Moorboden unter Grünland

in ihren Wurzelbereich leiten. Diese Pflanzen werden als Shunt-Pflanzen bezeichnet, weil sie wie eine schnelle Parallelverbindung für das Ableiten von Methan an die Oberfläche wirken. Wenn Methan über eine längere Strecke durch eine sauerstoffhaltige Umgebung transportiert wird, sei es im Wurzelbereich bestimmter Pflanzen oder in oberen bzw. entwässerten Torfschichten, dann kann es ebenfalls durch bestimmte Bakterien in das weniger klimawirksame, aber langlebigere CO_2 umgewandelt werden.[107] Unter welchen

107 Augustin et al., 2011, S. 16.

Bedingungen besonders viel bzw. möglichst wenig Methan in die Atmosphäre entweicht, muss vor allem bei Wiedervernässungsprojekten beachtet werden, damit die Methanbildung den angestrebten Klimaschutzeffekt nicht unnötig schmälert.

Bei der Zersetzung der organischen Torfbestandteile werden durch die Bodenorganismen außer Lachgas weitere Stickstoffverbindungen gebildet wie beispielsweise Nitrat. Nitrat ist in Wasser leicht löslich. Deshalb wird es mit dem Sickerwasser abgeschwemmt und gelangt so in tiefere Schichten bzw. in die Umgebung, wo es düngend wirkt.

Zur Messung und Abschätzung von Treibhausgasemissionen

Welche Mengen an Klimagasen aus Moorböden entweichen, spielt zum einen für die internationale Klimaschutzberichterstattung eine Rolle. Zum anderen ist es für die Planung und Bewertung von Moorschutzmaßnahmen von Bedeutung, möglichst zutreffende Aussagen über die tatsächlichen und die vermiedenen Klimagasemissionen machen zu können.

Für die Bestimmung der Mengen von Treibhausgasemissionen aus Moorböden werden im Wesentlichen drei Verfahren eingesetzt: die Haubentechnik, die sogenannte Eddy-Kovarianz-Methode und das indirekte Verfahren GEST, bei dem anhand des Pflanzenbewuchses Rückschlüsse auf die Emissionen gezogen werden. Die verschiedenen Techniken haben unterschiedliche Vor- und Nachteile. In jedem Fall müssen sie aber dazu geeignet sein, in schwer zugänglichem Gelände und häufig ohne Stromversorgung zu funktionieren.

Bei der Haubentechnik werden Kunststoffhauben gasdicht auf einen kleinen Ausschnitt des Untergrunds gestellt. Dadurch wird der Gasaustausch des Untergrunds mit der Umgebung für den Zeitraum von einigen Minuten begrenzt. Gasproben aus den Hauben werden im Labor untersucht und zeigen die Veränderungen der Gaszusammensetzung in den Hauben während des Untersuchungszeitraums. Für die Bestimmung von Lachgas- und Methanemissionen werden üblicherweise lichtdichte Hauben verwendet. Bei der Bestimmung von CO_2-Emissionen kommen sowohl lichtdichte wie auch lichtdurchlässige Hauben mit zusätzlicher technischer Ausstattung zum Einsatz, je nachdem, ob man den Effekt der lichtabhängigen Photosynthese und die damit verbundene CO_2-Reduzierung im Gasgemisch erfassen möchte oder nicht.[108, 109, 110] Der Vorteil der Haubentechnik ist, dass sie sich nahezu überall anwenden lässt. Allerdings liefert sie sowohl räumlich wie zeitlich begrenzte Resultate. Bei der gezielten Messung von Emissionen kleiner Strukturen oder bestimmter Pflanzen kann dies auch von Vorteil sein kann.

Bei der Eddy-Kovarianz-Methode werden Gasanalysesysteme und ein Windmessgerät auf einem Turm installiert. Mit einer solchen Einrichtung können Emissionen kontinuierlich, über einen längeren Zeitraum und für größere Flächen erfasst werden. Die Kosten für die Messtechnik können allerdings erheblich sein.[111]

Um den Aufwand zu verringern und trotzdem eine gute Annäherung an die tatsächlichen Treibhausgasemissionen von Moorflächen zu erhalten, würde sich auch die Bestimmung des Wasserstandes im jeweiligen Gebiet eignen. Eine technische Bestimmung des Wasserstandes erfordert aber ebenfalls ein Messstellennetzwerk. Stattdessen können auch Vegetationstypen und Pflanzenarten als Indikator für den Wasserstand, den Nährstoffgehalt und Nutzung einer Fläche herangezogen werden. Damit lassen sich mehrere Faktoren erfassen, die die Treibhausgasemissionen am jeweiligen Standort beeinflussen und eine Abschätzung der emittierten Gasmengen erlauben. Ein solches Annäherungsverfahren wird als GEST-Ansatz bezeichnet, wobei GEST für Greenhouse gas Emission Site Type steht.[112, 113] Mit diesem Verfahren kann beispielsweise verschiedenen Grünland-, Feuchtwiesen-, Röhricht- und Torfmoostypen ihr jeweiliges Potenzial zur Treibhausgasbildung pro Hektar in einem Jahr zugeordnet werden.[114] Aktuell umfassen die GESTs mehr als 30 Typen und basieren auf einer Datenbank aus mehr als 1.000 Jahresmessungen.[115]

108 Drösler, 2005, S, 14 ff.

109 Minke et al., 2011, S. 30 f.

110 Tiemeyer et al., 2013, S. 10 f.

111 Minke et al., 2011, S. 34 ff.

112 Couwenberg, 2011, S. 37 ff.

113 Couwenberg et al., 2011, S. 80 ff.

114 Ministerium für Landwirtschaft, Umwelt und Verbraucherschutz Mecklenburg-Vorpommern, 2009, S. 22.

115 Couwenberg, 2020, persönliche Mitteilung.

Treibhausgasbilanzen von Moorstandorten

Mittlerweile ist bekannt, dass landwirtschaftlich genutzte organische Böden im Durchschnitt jährlich pro Hektar 7,5 t ihres organisch gebundenen Kohlenstoffvorrates durch die weiter fortschreitende Zersetzung des Torfs, die sogenannte Mineralisierung, verlieren.[116] Unterschiedliche Studien verdeutlichen, dass der Wasserstand, der Bewuchs und die Nutzungsintensität – d. h. die damit verbundene Düngung – die wichtigsten Faktoren dafür sind, welche und wie viel klimarelevante Gase aus Moorböden entweichen.

So bewirkt der durchschnittliche Wasserstand im Verlauf eines Jahres beim CO_2 erst dann eine Verminderung der Emissionen, wenn der Wasserspiegel weniger als 50 cm unter der Geländeoberfläche liegt. Nahezu vermeiden lassen sich CO_2-Emissionen allerdings erst, wenn sich der Wasserstand nahe der Oberfläche einpegelt. Die Bildung von Lachgas hört dagegen schon bei der Anhebung des durchschnittlichen Wasserstands auf 15 cm unter Flur, d. h. unter der Geländeoberfläche, weitgehend auf. Beim Methan nehmen die Gasmengen, die aus dem Moorboden entweichen, allerdings ab einem Wasserstand von 20 cm unter Flur erheblich zu, weil dann bis zum Entweichen keine ausreichende Umwandlung zu CO_2 mehr stattfindet. Besonders hohe Methanemissionen entstehen außerdem in Gräben und wenn Pflanzenmassen, wie beispielsweise Mähgut oder Erntereste, überflutet werden.[117, 118]

Neben der Abhängigkeit der Treibhausgasfreisetzung vom Wasserstand spielt beim Methan auch der Bewuchs mit den sogenannten Shunt-Spezies eine Rolle. Zu den Shunt-Spezies zählen u. a. Schilf, bestimmte Sauergräser und Erlen.[119]

Eine weitere Einflussgröße stellt die Stickstoffdüngung von Moorflächen dar. Grundsätzlich gilt, dass mehr biologisch verfügbarer Stickstoff im Boden die Zersetzung der organischen Substanz durch Mikroorganismen beschleunigt. Das gilt auch für Moorböden. Je mehr Stickstoff in Form von natür-

116 Jacobs et al., 2018, S. 230.

117 Augustin et al., 2011, S. 17 ff.

118 Couwenberg et al., 2011, S. 72.

119 Augustin et al., 2011, S. 16.

Abbildung 7

Auswirkungen des Wasserstandes auf die Klimagasfreisetzung, schematisch und stark vereinfacht

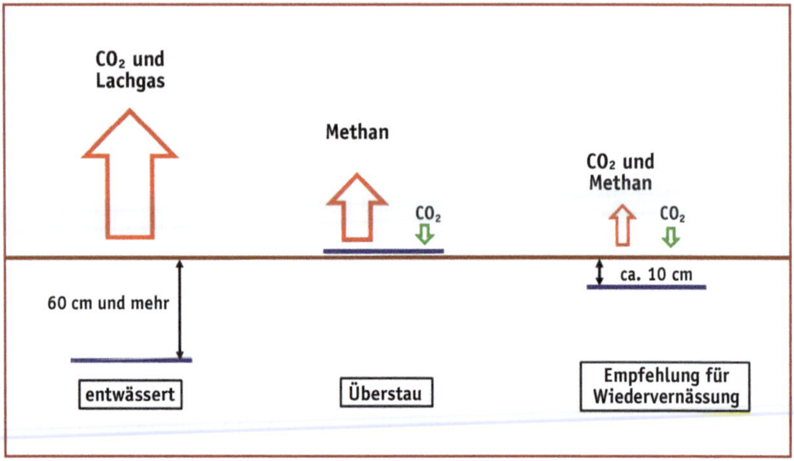

lichem oder synthetisch erzeugtem Dünger auf Moorflächen ausgebracht wird bzw. je mehr Nitrat bei der Mineralisierung entsteht, umso mehr Torf wird abgebaut.[120] Das führt wiederum zur Zunahme der CO_2- und Lachgasemissionen aus dem Torf. Bekannt ist außerdem, dass vor allem überschüssiger Stickstoff aus der Düngung ebenfalls schnell zu Lachgas umgewandelt werden kann und so zu teilweise massiven Erhöhungen der Lachgasemissionen in die Atmosphäre führt.

Wegen der vielfältigen Einflüsse muss für die unterschiedlichen Moorstandorte und deren verschiedenartige Nutzung mit großen Schwankungen bei der Treibhausgasbildung gerechnet werden. Zur Orientierung kann aber auf die Zusammenstellung des Landes Niedersachsen zurückgegriffen werden, bei der die verschiedenen Klimagase als CO_2-Äquivalente (CO_2-Äq.) zusammengefasst werden.

120 Niedersächsisches Ministerium für Umwelt, Energie und Klimaschutz, 2016, S. 39.

Tabelle 5

Übersicht zu den jährlichen Klimagasemissionen von Moorstandorten in t CO_2-Äq. pro ha[121]

Nutzung und Bewuchs	Niedermoor, Moorgley	Hochmoor	Sanddeck-kultur
Acker	34	33	27
Grünland intensiv, trocken	31	26	15
Grünland extensiv, trocken	23	20	12
Grünland extensiv, feucht	17	11	8
Grünland extensiv, nass	10	4	5
Wald, entwässert	14	7	n. b.
Wald/Gehölz, nass (Bruchwald)	6	4	n. b.
Degenerationsstadien, trocken	9	6	n. v.
Degenerationsstadien, nass	6	4	n. v.
Torfabbaufläche, ohne Vegetation (trocken oder vernässt)	n. v.	4	n. v.
naturnahe Moore	3	0	n. v.

n. v. = nicht vorhanden; n. b. = nicht bewertet

Für die internationale Treibhausgas-Berichterstattung wurde zunächst damit gerechnet, dass je Hektar Mooracker 44,2 t CO_2-Äq. im Jahr entweichen und Moorgrünland jährlich 22,2 t CO_2-Äq. pro Hektar emittiert. Landnutzungsänderungen, Torfabbau und Moorwald wurden zwar ebenfalls berücksichtigt, deren Treibhausgasemissionen sind aber relativ gering gegenüber den Emissionen aus Mooracker und Moorgrünland.[122] Inzwischen werden differenziertere Werte für unterschiedlich stark entwässerte Flächen und die verschiedenen Nutzungen aller organischen Böden zugrunde gelegt.[123, 124]

121 Niedersächsisches Ministerium für Umwelt, Energie und Klimaschutz, 2016, S. 30.

122 Drösler et al., 2011, S. 3.

123 IPCC, 2014b, S. 2.11 ff.

124 Tiemeyer et al., 2020, S. 2.

Unabhängig von den Unterschieden bei den verwendeten Werten kann man zusammenfassend festhalten, dass die geringsten Emissionen auf natürlichen oder naturnahen Standorten entstehen. Solange Moore wachsen und Torf bilden, können sie CO_2 aus der Luft aufnehmen und organisch gebunden ablagern. Wachsende Hoch- und Niedermoore stellen deshalb eine Senke für Kohlenstoff dar. Allerdings setzen sie in gewissem Umfang klimarelevantes Methan frei, sodass ihre Klimabilanz letztlich in etwa ausgeglichen ist.[125] Etwas schlechter sieht die Bilanz von bewaldeten Mooren aus, und mit Abstand am schlechtesten schneiden tief entwässerte Grünland- und Ackerstandorte ab, wobei intensiv bewirtschaftetes Grünland fast so klimabelastend ist wie Ackernutzung. Dabei gilt: Je tiefer die Drainage, desto höher sind die CO_2-Emissionen. Immerhin sollen sich die CO_2-Emissionen bei Drainagetiefen unter 60 bis 80 cm nicht mehr wesentlich erhöhen. Das höchste Risiko für Lachgasemissionen herrscht in Niedermooren bei stark schwankenden Wasserständen und einem mittleren jährlichen Grundwasserstand von 50 cm unter Flur.[126]

Wiedervernässung und Methan

Um die Kohlenstoffverluste bzw. CO_2-Emissionen von Moorstandorten zu vermindern, ist eine Anhebung der Grundwasserstände notwendig. Das macht den Rückbau von Drainageeinrichtungen erforderlich. Auch nach internationaler Einschätzung hat für die Verringerung der CO_2-Emissionen aus Mooren höchste Priorität, die Moorböden weniger zu entwässern. Zugleich stellt dies einen Schutz vor Moorbränden dar und fördert die Biodiversität.[127] Ein kompletter Stopp der CO_2- und Lachgasemissionen ist dabei nur durch eine Anhebung des Grundwasserstandes auf Geländeniveau möglich. Auch eine Nutzungsextensivierung, sprich reduzierte Düngung, oder die Umwandlung von Acker zu Grünland auf Moorböden werden nur dann als wirklich effektive Maßnahmen zur Treibhausgasverminderung eingestuft, wenn sie mit der Anhebung des Grundwasserstandes verbunden sind.[128]

---

125 Niedersächsisches Ministerium für Umwelt, Energie und Klimaschutz, 2016, S. 8.

126 Drösler et al., 2011, S. 9 f.

127 Parish et al., 2008, S. xi.

128 Jacobs et al., 2018, S. 235 f.

Man weiß inzwischen zwar, dass sich durch die Wiedervernässung die hydrochemischen Verhältnisse im Boden verändern und es vor allem bei einem sogenannten Überstau, also einem Wasserstand oberhalb der Geländeoberfläche, zu Methanemissionen kommt.[129] Es wird aber davon ausgegangen, dass diese Zunahme der Methanemissionen nur wenige bis etwa 20 Jahre anhält.[130, 131] Wenn sich nach einigen Jahren eine geschlossene und möglichst torfbildende Pflanzendecke gebildet hat, dann gehen die Methanemissionen auf das Niveau natürlicher Moore zurück.[132, 133] Deshalb zeigen selbst Wiedervernässungsszenarien mit den ungünstigsten Methanemissionen auf längere Sicht wesentlich günstigere Emissionswerte, als wenn man auf die Wiedervernässung verzichten würde und dauerhafte CO_2-Emissionen aus den jeweiligen Flächen zu erwarten hat.[134] Die Anfangsverschlechterung bei den Treibhausgasemissionen von wiedervernässten Standorten wird zwar noch dadurch verstärkt, dass das vergleichsweise schnell abbaubare Methan, auf kürzere Zeiträume gerechnet, ein noch wirksameres Treibhausgas ist, als wenn man den üblichen Zeitrahmen von 100 Jahren anlegt. Wegen des relativ raschen Abbaus von Methan nimmt aber auch die dadurch verursachte Erwärmung – ganz anders als beim CO_2 – relativ schnell wieder ab.[135]

Auch neueste Modellrechnungen unterstreichen, dass die Auswirkungen der vermehrten Methanbildung das Klimaschutzpotenzial der Wiedervernässung von Moorböden insgesamt nicht aufheben. Begründet wird dies damit, dass der wichtigste Effekt der Wiedervernässung darin besteht, große Mengen an CO_2-Emissionen im Vergleich zu entwässerten Moorflächen einzusparen. Deshalb drängen die Autoren dieser Studie auf eine schnelle Wiedervernässung.[136]

129 Drösler et al., 2011, S. 8 ff.

130 Ministerium für Landwirtschaft, Umwelt und Verbraucherschutz Mecklenburg-Vorpommern, 2009, S. 19 f.

131 Wissenschaftlicher Beirat Agrarpolitik, Ernährung und gesundheitlicher Verbraucherschutz und Wissenschaftlicher Beirat Waldpolitik, 2016, S. 145 ff.

132 Abel et al., 2019, S. 13.

133 Günther et al., 2015, S. 1103.

134 Schleswig-Holsteinischer Landtag, 2011, S. 12.

135 IPCC, 2014a, S. 93 f.

136 Günther et al., 2020, S. 3 f.

Die Summe der Treibhausgase aus Moorböden weltweit und in Deutschland

Schätzungen zufolge entweichen jährlich weltweit ungefähr 2 Mrd. t CO_2-Äq. aus Mooren und Moorböden, die sich zersetzen. Die umfangreichsten Emissionen entstehen in Indonesien, gefolgt von den Ländern der EU, Russland, China und den USA.[137]

In Deutschland wird zurzeit mit Treibhausgasemissionen von rund 47 Mio. t CO_2-Äq. pro Jahr aus organischen Böden gerechnet (vgl. Tabelle 7). Entwässerte Moore gelten als die größte Einzelquelle für Treibhausgase außerhalb des Energiesektors in Deutschland. Zugleich wird aber geschätzt, dass sich drei Viertel der Treibhausgasemissionen aus landwirtschaftlich genutzten Mooren in Deutschland einsparen ließen, wenn eine klimafreundliche Nutzung einschließlich Extensivierung und konsequenter Wiedervernässung bis zum Erreichen naturnaher Wasserstände stattfinden würde.[138]

137 Joosten, 2011, S. 20.

138 Drösler et al., 2011, S. 3.

Problematisch: Die bisherige Nutzung von Moorböden

Moore haben sich im Vergleich zu anderen Böden am längsten dem Zugriff durch Menschen entzogen. Grund dafür waren ihr hoher Wassergehalt und die damit verbundene Unzugänglichkeit. Fast alle Eingriffe durch Menschen waren deshalb mit Entwässerung, also Drainagemaßnahmen, verbunden.[139]

Tabelle 6

Nutzung und Zustand der Moorflächen bzw. organischen Böden in Deutschland

Moorflächen insgesamt (mit Anmooren) …	gleichbedeutend mit organischen Böden	1,82 Mio. ha[140]
	die als Acker oder Grünland genutzt werden	1,31 Mio. ha[141]
	die als Wald/Gehölze genutzt werden	0,30 Mio. ha[142]
Moorflächen mit mindestens 30 cm dicker Torfschicht		1,28 Mio. ha[143]
Intakte Moore		25.000 ha[144]

139 Eggelsmann, 1990a, S. 288.

140 Umweltbundesamt, 2019a, S. 540.

141 Umweltbundesamt, 2019a, S. 541.

142 Ebd.

143 Trepel et al., 2017, S. 413.

144 Ebd.

Inzwischen werden in Deutschland 93 % der Flächen mit organischen Böden in irgendeiner Form genutzt.[145] Ungefähr 70 % der Flächen mit organischen Böden werden landwirtschaftlich genutzt, und knapp 17 % dienen forstlichen Zwecken oder sind Standorte von Gehölzen. Diese Flächen sind zu über 90 % drainiert, also entwässert. Siedlungen, Straßen und sonstige Infrastruktur bedecken weitere 5 % der Flächen mit organischen Böden. Nur knapp 7 % bleiben ungenutzt. Allerdings sind weniger als 1,5 % aller Flächen mit organischen Böden intakte, d. h. wachsende nasse Moore.[146, 147]

Historische Moornutzung

Die Nutzung von Mooren lässt sich in Mitteleuropa bis zur Jungsteinzeit, also mehr als 4.000 Jahre, zurückverfolgen. Bereits in der Bronzezeit wurde Torf als Brennmaterial bei der Bronzeherstellung eingesetzt. In der nachfolgenden Eisenzeit wurde in Mooren zudem Eisenerz in Form des oberflächlich gelegenen Raseneisensteins abgebaut.[148]

Obwohl die Besiedelung von Moorrändern in den Niederlanden schon zur Zeit der Römer bekannt war und auch die Gewinnung von Torf als Brennmaterial im heutigen Niedersachsen schon damals beschrieben wurde, hat die systematische Nutzung von Mooren erst relativ spät eingesetzt. Bei den Bemühungen, Moore zu nutzen, ging es vor allem darum, Siedlungsgebiete und Einkommensmöglichkeiten für die wachsende Bevölkerung zu erschließen. Zum einen wurden Moorflächen in land- und forstwirtschaftlich nutzbare Flächen umgewandelt, und zum anderen wurde Torf als Brenn-, Baumaterial und Einstreu gewonnen.

Eine planmäßige Brenntorfgewinnung hat sich zunächst in den Niederlanden entwickelt. Dort entstand 1599 die erste Fehnsiedlung. Das Konzept der Fehnkultur umfasste den systematischen Abbau von Schwarztorf und die Nutzung der verbleibenden Flächen für die Landwirtschaft. Für diese Zwecke wurden ganze Netze aus Kanälen angelegt, die zum einen für die Entwässerung sorgten und zum anderen den Zugang zu den Moorflächen

145 Tiemeyer et al., 2013, S. 8.

146 Jacobs et al., 2018, S. 228.

147 Umweltbundesamt, 2019a, S. 541.

148 Succow, 2001b, S. 404.

ermöglichten. Nach holländischem Vorbild wurden im 17. Jahrhundert im heutigen Niedersachsen ebenfalls Fehnkolonien angelegt.[149]

In dünn besiedelten Moorgebieten, in denen sich weder der Torfabbau lohnte noch ausreichend Dünger vorhanden war, entwickelte sich dagegen die Moorbrandkultur. Dabei wurden die Moorflächen flach entwässert, der Torf anschließend gelockert und dann verbrannt. Auf den so vorbereiteten Flächen konnten für wenige Jahre Buchweizen, Hafer, Roggen oder Kartoffeln angepflanzt werden. Danach folgten 20 bis 30 Jahre Beweidung der Brache durch Schafe, bevor wieder eine Nutzung als Ackerflächen möglich war. Durch die Moorbrandkultur soll es im Verlauf von 200 Jahren in manchen Gebieten zu über 1 m Verlust bei der Mächtigkeit der Torfschichten gekommen sein. Abgelöst wurde die Moorbrandkultur schließlich durch das sogenannte Deutsche Hochmoorkulturverfahren, bei dem nach der Entwässerung der Flächen eine intensive Düngung und Kalkung, aber keine Veränderung der Bodenschichten stattfanden. Andere Verfahren zur Moorkultivierung setzten dagegen darauf, Torf und Sand zu mischen oder Sand aufzutragen. Entweder wurde die Fläche, die genutzt werden sollte, maschinell besandet, oder man erreichte durch Tiefpflügen, dass die Bodenschichten gekippt wurden und auf diese Weise tiefer liegender Sand nach oben gelangte. Sandmischkulturen mit erheblichem Maschineneinsatz spielten vor allem bei der Erschließung großer Flächen wie dem Bourtanger Moor im 20. Jahrhundert eine große Rolle.[150, 151]

Stärker noch als in den Hochmoorregionen wurde in den Gegenden mit hohem Niedermooranteil ab dem 18. Jahrhundert die Entwässerung vorangetrieben, um die Flächen in Äcker oder Grünland zur Futtererzeugung für Milchvieh umzuwandeln. Zuvor waren die Moorflächen eher sporadisch genutzt worden und dienten vor allem der Gewinnung von Grobheu für Pferde[152] oder von Einstreu für die Ställe. Die älteste Form intensiver landwirtschaftlicher Niedermoornutzung wird als Niedermoorschwarzkultur bezeichnet. Die Entwässerung erfolgte dabei durch einfache Vertiefungen, die von Hand gezogen und später von Dränrohren und breiter ausgebauten

149 Dierßen u. Dierßen, 2008, S. 150 f.

150 Dierßen u. Dierßen, 2008, S. 151 f.

151 Göttlich u. Kuntze, 1990, S. 390 ff.

152 Ministerium für Landwirtschaft, Umwelt und Verbraucherschutz Mecklenburg-Vorpommern, 2009, S. 11.

Abbildung 8
Entwässerungsgraben, Friedländer Große Wiese

Gräben abgelöst wurden. Nach der Entwässerung wurde der Bewuchs entfernt und der Oberboden umgebrochen. Anschließend wurde gedüngt und eingesät; tiefere Eingriffe in das Bodenprofil fanden nicht statt. Bis Ende der 1980er-Jahre wurden allerdings zuvor extensiv entwässerte Niedermoore noch stärker an die ökonomischen und landtechnischen Anforderungen dieser Zeit angepasst. Die sogenannte Komplexmelioration bezweckte eine Verbesserung der Nutzbarkeit der Flächen. Dazu wurden u. a. ableitende Gräben und Vorfluter vertieft, was insgesamt zu stärkerer Entwässerung und zur negativen Veränderung, d. h. weiteren Degradation, der Böden führte. Die Kultivierung der Niedermoore schloss auch eine forstliche Nutzung entwässerter Bruchwälder ein.[153, 154]

153 Zeitz, 2016, S. 4 ff.

154 Dierßen u. Dierßen, 2008, S. 151 f.

Hinzu kam der wachsende Torfbedarf der Torfindustrie ab dem Ende des 19. Jahrhunderts. Torf wurde damals auch zur Gewinnung von Gas verkokt und als Brennmaterial für Lokomotiven, Brennereien und Brauereien genutzt.[155] Erst ab den 1960er-Jahren nahm das Bewusstsein für die Notwendigkeit, die Moore zu schützen, allmählich zu. Allerdings kam es noch bis in die 1980er-Jahre zur sogenannten Melioration von Moorstandorten, also einer vermeintlichen Verbesserung mit dem Ziel, diese Flächen großflächig landwirtschaftlich nutzen zu können.[156]

Landwirtschaft auf Moorflächen

Nach aktuellen Daten für Deutschland werden die Moor- und moorähnlichen organischen Böden, die landwirtschaftlich genutzt werden, zu 79 % als Dauergrünland und zu 21 % als Acker genutzt. Alle Ackerflächen sind entwässert, beim Grünland sind es über 90 %. Außerdem weisen die Ackerstandorte im Durchschnitt einen stärker abgesenkten Wasserspiegel auf als Grünland. Die herkömmliche Nutzung als Grünland erfordert einen Wasserstand von ca. 40 bis 80 cm und mehr unter der Geländeoberfläche; der bislang praktizierte Ackerbau auf Moorstandorten benötigt häufig sogar eine Absenkung des Wasserstandes auf 100 bis 120 cm unter Flur.[157, 158, 159]

Die ackerbauliche Nutzung organischer Böden hat vor allem im Bereich der Anmoore und anderer flachgründiger Moorböden eine längere Vorgeschichte. Allerdings lässt sich immer wieder feststellen, dass auch tiefgründigere Moorböden als Ackerflächen genutzt werden. Ursachen für diese Entwicklung sind in manchen Gebieten die geringen Zahlen von wenig anspruchsvollen Raufutter-Verzehrern in Kombination mit ökonomischen Argumenten für den Mais- und Kartoffelanbau. Erschwerend wirkt, dass auf manchen Standorten die Anforderungen an den Grünlandaufwuchs – beispielsweise an den Energiegehalt in Grassilage für Hochleistungskühe – oft nur schwer zu erreichen sind. Mais kann dagegen sowohl als Energiepflanze für Biogasanlagen wie auch als Futter zur Tiermast genutzt werden. Auch in

155 Dierßen u. Dierßen, 2008, S. 156.

156 Niedersächsisches Ministerium für Umwelt, Energie und Klimaschutz, 2016, S. 17.

157 Jacobs et al., 2018, S. 228.

158 Umweltbundesamt, 2019a, S. 541.

159 Sachverständigenrat für Umweltfragen, 2012, S. 245.

Abbildung 9

Grünlandnutzung auf entwässertem organischen Boden

Phasen hoher Getreidepreise entsteht für landwirtschaftliche Betriebe der Anreiz, Maisanbau auf Niedermoorflächen zu verlagern, um andere Ackerflächen für den lukrativeren Anbau von Getreide einzusetzen. Die ackerbauliche Nutzung von Flächen, die eigentlich nicht ackerfähig sind und als absolute Grünlandstandorte bezeichnet werden, stellt allerdings eine erhebliche ökologische Belastung dar.[160] Das liegt daran, dass Ackerstandorte in der Regel trockener sind als andere, vor allem extensivere Nutzungsformen. Außerdem wird der Boden intensiver bearbeitet und damit stärker belüftet. In der Regel wird auf Ackerflächen auch mehr stickstoffhaltiger Dünger aus-

160 Ministerium für Landwirtschaft, Umwelt und Verbraucherschutz Mecklenburg-Vorpommern, 2009, S. 51 f.

Abbildung 10
Maisanbau auf Moorboden

gebracht als bei extensiver Nutzung. Alle diese Faktoren verstärken aber den Abbau von organisch gebundenem Kohlenstoff im Boden und tragen zur Bildung von Treibhausgasen bei.

Die Bewirtschaftung von Moorstandorten als intensiv genutztes Grünland unterscheidet sich im Hinblick auf die Klimabilanz allerdings wenig von Ackerflächen. Durch die Düngung von intensiv genutztem Grünland wird die Torfzersetzung ebenfalls angekurbelt, und zudem können erhebliche Mengen Lachgas entstehen.[161]

Problematisch ist auch der zunehmende Anbau von Energiepflanzen für Biokraftstoffe auf entwässerten Moorflächen. Biokraftstoffe, die durch den Anbau von Energiepflanzen auf teilweise neu und in der Regel tief entwässerten Standorten gewonnen werden, verursachen mehr Treibhausgase als die

161 Niedersächsisches Ministerium für Umwelt, Energie und Klimaschutz, 2016, S. 30.

Verwendung fossiler Energieträger, die dadurch eigentlich ersetzt werden sollen. Völlig anders ist die Situation jedoch, wenn Biomasse für Energiezwecke auf nassen Standorten erzeugt wird, ohne die jahrtausendealte Kohlenstoffspeicherung im Torf zu beeinträchtigen.[162]

Moor- und Bruchwälder

Auf organischen Böden in Mitteleuropa wachsen natürlicherweise verschiedene Varianten von Wäldern. Sie sind häufig Bestandteil ganzer Moorkomplexe. So ist beispielsweise Baumbewuchs für die sogenannten Randgehänge von Hochmooren charakteristisch. Auf sehr sauren Standorten können sich allerdings nur Moorgehölze mit eingeschränkter Wuchskraft entwickeln.

Je nach den Standortbedingungen entwickeln sich oft nur lichte Baumbestände. Bei günstigerer Nährstoffversorgung der Standorte nehmen die Gehölze immer mehr Waldcharakter an. In den unteren Schichten des Bewuchses dominieren dann häufig Torfmoose und Zwergsträucher. Als typisch gelten Pflanzengesellschaften wie zum Beispiel Rauschbeeren-Waldkiefern-Moorwälder oder Birkenbruchwälder. Auf den nährstoffreicheren Niedermoorstandorten gibt es auch Erlenbruchwälder mit seggenreicher Krautschicht. Der Begriff Bruchwald signalisiert, dass es sich im Unterschied zu Auen- oder Sumpfwäldern um dauerhaft nasse, langfristig geflutete und zum Teil überstaute Standorte handelt.

Baumbewuchs, der sich auf entwässerten Moorstandorten beispielsweise nach Torfabbau oder bei Aufgabe der landwirtschaftlichen Nutzung entwickelt, bezeichnet man auch als sekundäre Moorwälder. So können sich beispielsweise unter bestimmten Bedingungen auf zuvor regelmäßig gemähten Feuchtwiesen über die Zwischenstadien der Röhrichte und Weidengebüsche schließlich Erlenbruchwälder ausbreiten.[163] Eine aus forstökonomischer Sicht effektive Nutzung der Moore setzt allerdings wie bei der landwirtschaftlichen Nutzung eine planmäßige Entwässerung voraus. Das Entwässern von Moorböden unter Wäldern, verbunden mit der Anpflanzung ertragsstarker Baumarten, spielte vor allem in Finnland, Russland und Schweden, aber auch in den baltischen Staaten, Großbritannien und in Norwegen eine Rolle.

162 Couwenberg, 2007, S. 12 ff.

163 Dierßen u. Dierßen, 2008, S. 162.

Abbildung 11
Bruchwald, Weingartener Moor

In Großbritannien und Irland trug außerdem die Aufforstung intakter Hochmoore zur Zerstörung ganzer Ökosysteme bei.[164, 165]

In Deutschland wird knapp ein Fünftel der organischen Böden von Wald und von Gehölzen wie Hecken, Sträuchern und Gebüsch bedeckt. Es handelt sich jeweils um ungefähr 150.000 ha Wald bzw. Gehölze. Die organischen Böden unter Wäldern sind zu knapp 80 % entwässert, bei den Gehölzen sind es nahezu alle. Ähnlich wie bei Grünland ist die Spannweite, wie tief der Grundwasserstand abgesenkt wurde, sehr groß.[166, 167]

164 Dierßen u. Dierßen, 2008, S. 157.

165 Joosten u. Tanneberger, 2017, S. 168 f.

166 Jacobs et al., 2018, S. 228.

167 Umweltbundesamt, 2019a, S. 541.

Bei der Beurteilung der Klimarelevanz von Wäldern und Gehölzen auf Moorböden muss Folgendes beachtet werden: Auch wenn die Bäume, Hecken und Sträucher während ihres Wachstums CO_2 aufnehmen und als Biomasse vorläufig speichern, wird im Boden Torf abgebaut, und es kommt zu Kohlenstoffverlusten. Drainierte Böden unter Wäldern und Gehölzen emittieren ähnliche Mengen CO_2 wie Grünland, sodass die Kohlenstoffbilanz nur ausgeglichen ist, solange Bäume und Gehölze wachsen. Auf längere Sicht verhalten sich nur naturnahe und nasse Wälder auf organischen Böden weitgehend klimaneutral.[168, 169]

Torfabbau

Planmäßiger Torfabbau findet vor allem in Hochmooren statt. In Niedermooren wurde meistens nur während der sogenannten Kultivierungsphase, also während der Erschließung für land- und forstwirtschaftliche Zwecke, oder für Moorbäder Torf gewonnen.

Brenntorf

Bis in die Mitte des 20. Jahrhunderts hinein wurde Torf in Deutschland als Heizmaterial verwendet. Vor allem in Krisenzeiten und bei Brennholzmangel wurde Torf verstärkt als Energieträger eingesetzt. Um an brennbaren Schwarztorf zu kommen, mussten die Abbauflächen zunächst entwässert werden. Dann wurde die oberste durchwachsene Torfschicht abgehoben und als sogenannte Bunkererde auf bereits abgetorfte Bereiche geworfen. Die nächste Torfschicht, der Weißtorf, wurde ursprünglich nur als Einstreu im Stall verwendet. Er musste ebenfalls per Hand abgetragen werden, um an den darunterliegenden brennbaren Schwarztorf zu gelangen. Dieser stärker verdichtete und zersetzte Torf wurde von Hand oder später maschinell in Soden, d. h. in Form rechteckiger Stücke, gestochen, geknetet, getrocknet und als Brenntorf verkauft.

Ab Mitte der 1950er-Jahre nahm der Bedarf an Brenntorf immer mehr ab, weil komfortablere Brennstoffe wie Öl und Gas zur Verfügung standen. Zeitgleich nahm aber das Interesse an Torf zur Bodenverbesserung

168 Tiemeyer et al., 2013, S. 16.

169 Joosten u. Tanneberger, 2017, S. 168.

Abbildung 12
Historischer Torfstich, Wurzacher Ried

zu. Im modernen Torfabbau wird Moorboden nach der Entwässerung mithilfe von speziellen Baggern als Soden oder mit Fräsmaschinen Schicht für Schicht abgetragen. Der verbleibende Schwarztorfrest bildet auf vielen Flächen schließlich die Grundlage für die Renaturierung der abgetorften Flächen.[170, 171]

170 Richard, 1990, S. 411 ff.

171 https://www.aktion-moorschutz.de/moor-infos/nutzung/torfabbau.html, aufgerufen am 01.02.2020.

Torf für den Gartenbau

Anfang des 20. Jahrhunderts entwickelte sich zunächst der Hochmoorweißtorf zum Hauptausgangsstoff für gärtnerische Kultursubstrate. Daneben wird auch durchgefrorener Schwarztorf für Blumenerden, Presstöpfe und Wurzelballen von Gehölzen, Stauden, Balkonblumen oder Gemüsejungpflanzen verwendet.[172] Als vorteilhaft wird betrachtet, dass der Torf erhebliche Mengen Wasser, Luft und Pflanzennährstoffe aufnehmen kann und sich daraus Pflanzsubstrate für ganz unterschiedliche Ansprüche herstellen lassen.[173]

Zurzeit werden in Deutschland pro Jahr ca. 9,5 Mio. m³ Kultursubstrate hergestellt. Darin enthalten sind 8 bis 9 Mio. m³ Torf, wovon laut Industrieverband Garten ungefähr 7 Mio. m³ aus Niedersachsen stammen. Andere Bundesländer spielen fast keine Rolle; der Rest wird importiert.[174] In Deutschland selbst wird noch auf knapp 20.000 ha Torf abgebaut.[175] Der Abbau findet nur auf Flächen statt, die vorher landwirtschaftlich genutzt, also schon vor Jahrzehnten entwässert wurden. Von diesen Flächen darf eine genau festgelegte Menge Torf gewonnen werden. Die Produzenten verpflichten sich im Gegenzug, die Abbauflächen anschließend zu renaturieren.[176]

Torf wird außerdem für die Herstellung von Aktivkohle verwendet[177] und so beispielsweise als Adsorptionsmittel in Filtersystemen eingesetzt. Eine weitere Nischennutzung ist Torf für therapeutische Anwendungen.

Die Klimarelevanz des Torfabbaus ergibt sich einerseits aus den entwässerten Abbauflächen und andererseits aus der Zersetzung des gewonnenen Torfs dort, wo die Produkte eingesetzt bzw. ausgebracht werden. Es muss dabei davon ausgegangen werden, dass der abgebaute Torf innerhalb von zehn Jahren nach seiner Gewinnung weitgehend zersetzt ist.[178] Auf diese Weise verursacht der Torfabbau selbst auf kleinen Flächen erhebliche

172 Günther, 1990, S. 454 ff.

173 Joosten u. Tanneberger, 2017, S. 164.

174 https://www.ivg.org/fileadmin/downloads/Flyer/flyer-10fragentorf.pdf, aufgerufen am 15.05.2020.

175 Umweltbundesamt, 2019a, S. 541.

176 https://www.landwirtschaft.de/diskussion-und-dialog/umwelt/torf-unersetzlich-oder-verzichtbar/, aufgerufen am 01.02.2020.

177 Dierßen u. Dierßen, 2008, S. 156.

178 Höper, 2007, S. 94.

Treibhausgasemissionen. Die Torfabbauflächen selbst emittieren in einem Jahr 2 bis 5 t CO_2-Äq. pro Hektar. Rechnet man die vollständige Umwandlung des gewonnenen Torfs zu CO_2 dazu, dann entfallen jährlich weitere knapp 110 t CO_2-Äq. auf jeden Hektar Abbaufläche.[179, 180]

Folgen der Moornutzung

Alle herkömmlichen Verfahren zur Nutzung von Moorböden schließen eine mehr oder weniger tiefe Entwässerung der Flächen ein. Das führt zu mehreren typischen Folgeerscheinungen. Manche gehen direkt auf den verringerten Wassergehalt der Torfschichten zurück, andere haben mehr damit zu tun, dass der entwässerte Torf schneller abgebaut, d. h. mineralisiert wird. Verstärkend kommen Austrocknung, Auswaschung und Erosion durch Wind und Wasser dazu.[181]

Sackung und Schrumpfung

Mooroberflächen und alle tieferen Schichten von Mooren können um mehrere Meter absacken, nachdem die Entwässerung eingesetzt hat, weil ihnen ein stabiles Stützgerüst fehlt. Die umfangreichsten Sackungen treten direkt nach Beginn einer entsprechend tiefen Entwässerung auf und können in den ersten 100 Tagen über 1 m ausmachen. Ausgelöst werden solche Sackungen dadurch, dass der Auftrieb der oberen Torfschichten, der von ihrem natürlichen Wassergehalt verursacht wurde, durch die Entwässerung verloren geht. Die entwässerten Torfschichten verdichten sich zugleich und drücken immer mehr auf die tiefer liegenden Schichten. Es existieren sogenannte Sackungspegel beispielsweise im bayerischen Donaumoos, die eine Sackung der Mooroberfläche um nahezu 4 m während einer Zeit von 130 bis 150 Jahren belegen.[182]

Schrumpfungen im Torfkörper führen dagegen nicht nur zu einem Absinken der Oberfläche, sondern auch zu Verdichtungen und Rissen im Moorboden. Sie werden vor allem auf die witterungsbedingte Verdunstung von Wasser zurückgeführt.

179 Tiemeyer et al., 2013, S. 16 f.

180 Umweltbundesamt, 2019a, S. 651 f.

181 Eggelsmann, 1990b, S. 333.

182 Eggelsmann, 1990b, S. 337.

Torfzehrung

Die Torfzehrung ist das Ergebnis der verstärkten mikrobiellen Zersetzung von Torf nach der Entwässerung von Moorböden. Der wichtigste Auslöser dafür ist der vermehrte Sauerstoffzutritt über die Poren im Boden, die nach dem Drainieren nicht mehr wassergefüllt sind. Hinzu kommt, dass eine intensive Nutzung organischer Böden mit Düngung verbunden ist. Die Zunahme von Stickstoff im Boden beschleunigt die Zersetzung von Humus und Torf durch die Bakterien zusätzlich.

Bei der Nutzung von Niedermoorflächen als Acker wurden Höhenverluste von 0,5 bis 1,5 cm pro Jahr aufgrund der Torfzehrung ermittelt.[183, 184] Neben einer tiefen Entwässerung verstärken hohe Umgebungstemperaturen, geringe Niederschläge und eine starke Verdunstung die Torfzehrung. Höchstwerte für den Torfverlust sind deshalb in den Sommermonaten zu erwarten.[185]

Verluste von Moorflächen

Durch zum Teil jahrhundertelange torfzehrende Nutzung von Moorböden sind solche Böden mancherorts verschwunden. Vor allem bei Böden mit flachen Torfschichten wird damit gerechnet, dass im Verlauf von ca. 130 Jahren fast 50 % der Flächen verloren gegangen sind, d. h. nicht mehr als organische Böden einzustufen sind.[186]

Für Niedersachsen wird beispielsweise angenommen, dass zum Ende des 18. Jahrhunderts Moore 630.000 ha der Landesfläche bedeckten. Im Jahr 1981, bei der Erstellung des ersten Niedersächsischen Moorschutzprogramms, betrug die Fläche der Moore und Anmoore dagegen noch ca. 450.000 ha, während inzwischen von 395.000 ha Moor ausgegangen wird.[187] In Schleswig-Holstein sollen nach 1954 noch 30.000 ha Moorbodenflächen verschwunden sein.[188] Auch in Mecklenburg-Vorpommern gingen zwischen

183 Eggelsmann, 1990b, S. 340.

184 Höper, 2015, S. 139.

185 Ministerium für Landwirtschaft, Umwelt und Verbraucherschutz Mecklenburg-Vorpommern, 2009, S. 33.

186 Roßkopf et al., 2015, S. 162.

187 Niedersächsisches Ministerium für Umwelt, Energie und Klimaschutz, 2016, S. 26.

188 Couwenberg u. Joosten, 2001, S. 410 f.

1965 und 1995 mehr als 28.000 ha Moorböden verloren.[189] Für andere Regionen lässt sich die Entwicklung oft kaum nachvollziehen, weil bei der Erfassung der Flächen immer wieder andere Kriterien zugrunde gelegt wurden und Vergleiche über längere Zeiträume deshalb schwierig sind.

Noch auffälliger ist die Entwicklung, wenn man vergleicht, welch geringer Anteil wachsender, also intakter Moore von den ursprünglichen Moorflächen übrig geblieben ist, selbst wenn es sich um eigentlich moorreiche Gegenden handelt. Besonders markant war diese Entwicklung in den Niederlanden, wo ursprünglich über 30 % der Landesfläche von Mooren gebildet wurden. Weniger als 1 % der Moorflächen wird heute noch als intakt angesehen. Das entspricht der Situation in Dänemark mit ursprünglich über 20 % Mooranteil an der Landesfläche.[190] Auch in Deutschland ist lediglich ein kleiner Rest wachsender Moore erhalten geblieben (vgl. Tabelle 6).

Mineralisation und Emissionen

Die verstärkte Mineralisation von Torf bei der Torfzehrung führt nicht zuletzt zu erheblichen CO_2-Emissionen im Zusammenhang mit der Nutzung der organischen Böden. Laut offizieller Treibhausgas-Berichterstattung emittieren die zum größten Teil entwässerten organischen Böden in Deutschland derzeit ungefähr 47 Mio. t CO_2-Äq. im Jahr. Das entspricht ca. 5 % der Treibhausgasemissionen in Deutschland und enthält noch nicht die Mengen an Lachgas und anderen Treibhausgasen, die als Folge von Düngung zusätzlich auf diesen Flächen gebildet werden.

Klimabilanz der Moorböden in der Landwirtschaft

Rund ein Drittel aller Treibhausgasemissionen, die der Landwirtschaft einschließlich der Tierhaltung zugerechnet werden, stammen aus organischen Böden, die zum größten Teil entwässert sind und als Wiesen und Äcker genutzt werden. Diese Flächen machen jedoch nur knapp 8 % der landwirtschaftlichen Nutzfläche in Deutschland aus.

189 Lenschow, 2001, S. 413.

190 Joosten u. Couwenberg, 2001, S. 407.

Ackerflächen und Grünland bedecken 1,3 Mio. ha organische Böden, was 7,8 % der gesamten landwirtschaftlich genutzten Flächen in Deutschland entspricht. Diese Flächen geben allerdings jedes Jahr 38 Mio. t CO_2-Äq. in die Atmosphäre ab. Rechnet man Wald und Gehölze auf organischen Böden dazu, dann werden insgesamt 1,61 Mio. ha Moorbodenflächen land- oder forstwirtschaftlich genutzt (vgl. Tabelle 1). Sie verursachen ca. 40 Mio. t CO_2-Äq. pro Jahr, also annähernd 40 % der Treibhausgasemissionen aus Land- und Forstwirtschaft,[191] stellen aber nur 5,6 % aller Flächen mit landwirtschaftlicher Nutzung, Wald oder Gehölzen in Deutschland dar.

Tabelle 7

Jährliche Treibhausgasemissionen aus organischen Böden in Deutschland

Nutzung organischer Böden	Fläche in ha[192]	Drainierter Anteil in %[193]	Emissionen in Mio. t CO_2-Äq.[194]
Ackerflächen	383.345	100	11,63 (ohne Lachgas)
Grünland	923.118	92,3	23,60 (ohne Lachgas)
Gehölze	151.178	98,3	1,36
Torfabbau	19.857	100	2,14
Wald	148.425	77,4	1,35
Siedlung	78.479	100	2,27
Feuchtgebiete	99.816	76,6	1,87
Gewässer	19.705	—	—
Lachgas aus der Torfzersetzung von Ackerflächen und Grünland			2,8[195]
Summe	**1.823.923**		**47,02**

191 Vgl. Tabelle 1 plus Entwaldung mit 2,15 Mio. t CO_2-Äq. laut Umweltbundesamt, 2019a, S. 141.

192 Umweltbundesamt, 2019a, S. 541.

193 Ebd.

194 Umweltbundesamt, 2019a, S. 589, 625, 640, 651 u. 660.

195 Osterburg et al., 2019, S. 55.

Veränderungen beim Bewuchs

Durch die Entwässerung von Moorböden verändert sich auch deren Pflanzenbestand, womit an dieser Stelle nicht die Ansaat von Getreide oder Mais, der Anbau von Kartoffeln oder die Veränderungen durch die Nutzung als Grünland gemeint sind. So führt die geringere Nässe der Böden dazu, dass sich standortangepasste Arten wie Torfmoose oder Seggen nicht mehr entwickeln können. Auch Gräser werden zunehmend durch Sträucher und Bäume ersetzt.[196]

Auf entwässerten Hochmooren und auf Anmooren wachsen außerdem zwergstrauchreiche Heiden aus Glocken- und Besenheide.[197] Weitere Veränderungen entstehen, wenn die Nutzung entwässerter Moorflächen aufgegeben wird. Dies führt meistens zum verstärkten Wachstum verdunstungsintensiver Gehölze und durch die Auflockerung des Oberbodens weiterhin zu starker Torfzersetzung.[198]

Verschiebungen bei den Pflanzenarten, die sich in den Mooren vermehren, werden außerdem durch den verstärkten Eintrag von Nährstoffen aus der Luft oder aus der Umgebung, transportiert durch das Grund- und Oberflächenwasser, ausgelöst. Auch durch diese zusätzlichen Nährstoffe werden – ähnlich wie beim verstärkten Nährstoffangebot aus der Torfmineralisierung – bestimmte Pflanzen in ihrem Wachstum gefördert, andere gehemmt. Solche Nährstoffeinträge bewirken deshalb ebenfalls, dass sich die Torfbildung durch die Torfmoose vermindert und Gefäßpflanzen wie Röhrichte und Gehölze zunehmen.[199]

196 Landry u. Rochefort, 2012, S. 18.

197 Niedersächsisches Ministerium für Umwelt, Energie und Klimaschutz, 2016, S. 22.

198 Ministerium für Landwirtschaft, Umwelt und Verbraucherschutz Mecklenburg-Vorpommern, 2009, S. 33.

199 Dierßen u. Dierßen, 2008, S. 159 ff.

Moorschätze: Pflanzen, Tiere, Bohlenwege

Längst hat die internationale Staatengemeinschaft die Bedeutung biologischer Vielfalt erkannt. Bereits im Jahr 1993 ist deshalb ein internationales Umweltabkommen, die UN-Konvention zur Biodiversität, in Kraft getreten. Zu diesem Vertragswerk gehören inzwischen weltweit verbindliche Ziele für den Artenschutz, die als Aichi-Ziele bezeichnet werden. Sie sind eine ausdrückliche Aufforderung, die Ursachen für den Verlust der Artenvielfalt zu bekämpfen, Ökosysteme besser zu schützen und nachhaltige Nutzungsformen zu fördern. Alle Vertragsstaaten – über 190, darunter Deutschland – sind u. a. dazu aufgerufen, spätestens ab 2020 alle landwirtschaftlich genutzten Flächen nachhaltig zu bewirtschaften.[200] Eingetreten ist dies bislang nicht.

Moore in der deutschen Biodiversitätsstrategie

Der Umsetzung dieser UN-Konvention dient in Deutschland eine nationale Strategie, die 2007 von der Bundesregierung beschlossen wurde. Zu den ausdrücklichen Zielsetzungen für Deutschland gehört, nicht nur den Rückgang der Arten und genetischen Variationen, sondern auch den Schwund der Lebensräume und Biotoptypen zu stoppen.[201]

200 Sekretariat der Convention on Biological Diversity: https://www.cbd.int/sp/targets/, aufgerufen am 07.02.2020.

201 Bundesministerium für Umwelt, Naturschutz, Bau und Reaktorsicherheit, 2007/2015, S. 7, 28.

Moorschutzziele in der nationalen Strategie zur biologischen Vielfalt aus dem Jahr 2007 (Originaltext)

»Heute noch bestehende natürlich wachsende Hochmoore sind bis 2010 gesichert und befinden sich in einer natürlichen Entwicklung.

Die Regeneration gering geschädigter Hochmoore ist bis 2010 eingeleitet mit dem Ziel, intakte hydrologische Verhältnisse und eine moortypische, oligotrophe (nährstoffarme) Nährstoffsituation zu erreichen. In regenerierbaren Niedermooren ist der Torfschwund signifikant reduziert. Moore wirken wieder als Nährstoff- und CO_2-Senke.

Bis 2020 sind wesentliche Teile der heute intensiv genutzten Niedermoore extensiviert und weisen nur noch Grünlandnutzung auf. Typische Lebensgemeinschaften entwickeln sich wieder.«[202]

Trotz dieser Zielsetzungen sind viele Moorlebensräume und viele Moorbiotoptypen weiterhin in ihrem Bestand bedroht. Zahlreiche Moorbiotoptypen, vor allem solche mit extensiver Nutzung, wie feuchte und nasse Grünlandbiotope oder Großseggenriede, zählen zu den stark gefährdeten Lebensräumen.[203]

Es ist unbestreitbar, dass es in kultivierten Mooren durch die Intensivierung der landwirtschaftlichen Nutzung zu umfangreichen Verlusten von Grünlandflächen gekommen ist, die für den Biotop- und Artenschutz wertvoll wären. Selbst in naturnahen Mooren sind zum Teil große Bereiche negativ verändert, d. h. degradiert, und in ihren Biotopqualitäten beeinträchtigt. Einer der Gründe dafür ist, dass auch naturnahe Moore durch den flächendeckenden Nährstoffeintrag aus der Luft und von angrenzenden Flächennutzungen geschädigt werden. Weitere Gefährdungen sind ausbleibende Niederschläge und der Anstieg der Jahresdurchschnittstemperatur im Zuge des Klimawandels, was beides die Wasserbilanz der Moorbiotope negativ beeinflusst.[204, 205]

202 Bundesministerium für Umwelt, Naturschutz, Bau und Reaktorsicherheit, 2007/2015, S. 37.

203 Bundesamt für Naturschutz, 2017, S. 21.

204 Niedersächsisches Ministerium für Umwelt, Energie und Klimaschutz, 2016, S. 22.

205 Gallego-Sala et al., 2016, S. 149.

Zu den Moorlebensräumen werden manchmal auch Flächen wie beispielsweise Sümpfe gerechnet, die eine moortypische Vegetation beheimaten, aber keine kohlenstoffreichen Böden aufweisen. Sie werden gelegentlich als »zusätzliche Moorlebensräume« bezeichnet. Damit soll sichergestellt werden, dass auch diese besonders naturnahen Moorlebensräume von Schutzprogrammen erfasst werden.[206]

Besondere Pflanzen in den Mooren

Moore bestechen nicht durch große Artenvielfalt. Das Besondere ist vielmehr, dass bestimmte Arten nur in Mooren existieren, also ganz speziell an die dortigen Lebensbedingungen angepasst und zugleich auf diese Bedingungen angewiesen sind. Dies trägt allerdings zur Gefährdung der Moorspezies bei, weil sie ihren Lebensraum verlieren, wenn Moore degradieren, und weil sie sich an anderen Standorten nicht ausbreiten können. Zu den Besonderheiten der Moorpflanzen zählt, dass manche ihre Umgebung selbst regulieren können. Torfmoose tragen beispielsweise selbst zur Versauerung ihres Standorts bei. Zugleich sind Moorpflanzen häufig stark von anderen Arten desselben Lebensraumes, beispielsweise bestimmten Bestäubern, abhängig.

Ein besonderer Anpassungsmechanismus ist, dass viele Moorpflanzen lockere, luftgefüllte Gewebe bilden, mit deren Hilfe sie den Gasaustausch zwischen Oberfläche und wassergesättigtem Wurzelbereich bewerkstelligen und ihren Auftrieb verstärken. Eine andere Anpassung an das wassergesättigte Umfeld ist das Wachstum in Form schwimmender Matten, den sogenannten Schwingrasen, oder in Horsten, den Bulten. An Moorpflanzen findet man außerdem häufig Merkmale, die den Nährstoffmangel des Standorts widerspiegeln, wie Kümmerwuchs oder die Nutzung von Insekten als Nährstoffquelle, z. B. bei den Sonnentau-Arten. Moorpflanzen leben wegen des Nährstoffmangels außerdem häufig in enger gegenseitiger Abhängigkeit, also Symbiose, mit Pilzen oder Stickstoff bindenden Bakterien.[207]

206 Niedersächsisches Ministerium für Umwelt, Energie und Klimaschutz, 2016, S. 27.

207 Minayeva, 2008, S. 63, 66.

Abbildung 13

Horste aus Gräsern

Abbildung 14

Klein gewachsene Kiefer, Hornisgrinde

Abbildung 15
Torfmoose

Abbildung 16
Wollgras

Abbildung 17
Rohrkolben

Tiere im Moor

Die Tiere in den Mooren bzw. die Tierarten, die in Mooren beobachtet werden können, lassen sich drei großen Gruppen zuordnen. Zum einen gibt es Tiere, vor allem Vögel, die Moore als Rastplätze während ihrer langen saisonalen Wanderungen nutzen. Eine weitere große Gruppe besteht aus Tierarten, die in Mooren, aber auch in vielen anderen Feuchtgebieten beheimatet sind.

Durch den Verlust vieler Feuchtgebiete erweisen sich Moore häufig als letzte Rückzugsgebiete für einige dieser Spezies. Beispiele für solche Tierarten sind Kraniche, Birkhühner und Bekassinen. Außerdem gibt es als dritte Gruppe diejenigen Tierarten, die ganz speziell an die besonderen, extremen Lebensbedingungen der Moore angepasst sind und sich nur dort vermehren können. Das sind die im Folgenden geschilderten eigentlichen Moortierarten, die man vor allem in Hochmooren findet. Zwischen den Arten der zweiten und dritten Gruppe kann es zu einer erheblichen Konkurrenz um den Lebensraum Moor kommen.[208] Zusätzlicher Konkurrenzdruck kann durch Tierarten entstehen, die sich überall ansiedeln können.

Für die Tierwelt intakter Hochmoore werden einige besondere Merkmale beschrieben. So müssen die Moortierarten wie die Moorpflanzen mit der Nährstoffarmut im Moorwasser, mit den sauren Bedingungen und mit den starken Temperaturschwankungen zurechtkommen. Deshalb findet man in bzw. auf Hochmoorgewässern, den Hochmoorteichen oder Kolken, keine Fische und Wasservögel wie Enten oder Rallen. Für Hochmoore charakteristisch sind dagegen manche Rädertierchen, bestimmte Wasserkäfer, einige Großlibellen, Hochmoorkäfer und Zuckmücken.

Nur in den Randbereichen der Hochmoore oder in gestörten Hochmoorbiotopen wie ehemaligen Torfstichen, wo weniger extreme Lebensbedingungen herrschen, wird das Wasser von artenreicherem Plankton besiedelt. Dort kommen auch Fische wie Plötze, Hecht, Barsch oder der Neunstachlige Stichling vor. In solchen Gebieten leben außerdem diverse Käfer und Kleinlibellen. Bei trockenen Hochmoorflächen nimmt schließlich auch die Besiedelung mit anderen Wirbeltieren wie Eidechsen, Kreuzottern oder Moorschneehühnern zu. Moore dienen außerdem als Rückzugsgebiete für Zwergschnepfe, Großen Brachvogel, Goldregenpfeifer und verschiedene weitere Vogelarten.[209]

Flaggschiff Seggenrohrsänger

An der Population des Seggenrohrsängers, eines ursprünglich vor allem in Niedermoorgebieten weitverbreiteten kleinen Singvogels, lässt sich beispielhaft nachvollziehen, wie sich die Veränderung und der Verlust von Lebensräumen auf eine Art auswirken. Der Seggenrohrsänger ist ein Langstreckenzieher mit Winterquartieren in Westafrika. Seine Brutgebiete erstreckten sich

208 Burmeister, 1990, S. 29 ff.

209 Burmeister, 1990, S. 29 ff.

früher von der Nordseeküste bis Sibirien. In Vorpommern und Brandenburg konnte er vor dem Ersten Weltkrieg noch sehr häufig beobachtet werden. Da beim Seggenrohrsänger das Weibchen die Brutpflege allein übernimmt, benötigt diese Art ein reiches Insektenangebot als Futtergrundlage. Mit der Zerstörung seiner Lebensräume durch starke Entwässerung und fortschreitende Intensivierung der Landwirtschaft ging die Zahl der Seggenrohrsänger stark zurück. Ihr Bestand hat sich im letzten Jahrhundert um etwa 95 % verringert und beläuft sich weltweit auf nur noch ungefähr 17.000 singende Männchen – das ist die Maßeinheit bei dieser Art. Der Seggenrohrsänger ist in Deutschland mittlerweile akut vom Aussterben bedroht.[210, 211]

Aufgrund der ungünstigen Bestandsentwicklung gibt es Bemühungen, bestehende Brutgebiete dieser Vögel auszuweiten und neue geeignete Flächen einzurichten, sei es an ehemaligen Standorten oder dort, wo die Bedingungen den Bedürfnissen des Seggenrohrsängers und den Erfordernissen für eine Wiederansiedelung entsprechen.[212] Von Maßnahmen zum Arterhalt des Seggenrohrsängers durch den Schutz und die Renaturierung seiner Lebensräume würde nicht nur diese Art profitieren, sondern viele andere seltene und weniger bekannte Pflanzen- und Tierarten, die auf dieselben Lebensräume angewiesen sind. Insofern könnte der Seggenrohrsänger auch in Deutschland zur Flaggschiffart von Niedermooren aufgebaut werden.[213]

Maßnahmen zugunsten des Artenschutzes

Bei der Renaturierung von Mooren können unterschiedliche Ziele verfolgt werden. So kann die Renaturierung hauptsächlich den Zielen des Artenschutzes dienen oder sich vor allem an der Vermeidung von Treibhausgasemissionen orientieren. Je nach Ausrichtung können die Maßnahmen unterschiedlich sein. Neben der Wiedervernässung der Flächen sind für die Verbesserung der Standorte zugunsten der Biodiversität mehrere Faktoren besonders wichtig. So müssen zum einen Gebüsche und Bäume entfernt werden, um die Weiterentwicklung der Biotope zu Wald zu unterbinden.

210 http://www.naturschutz-peenetal.de/de/seggenrohrsaenger.php, aufgerufen am 10.02.2020.

211 Tanneberger, 2011a, S. 63 f.

212 Tanneberger u. Malashevich, 2011, S. 69 f.

213 Tanneberger, 2011b, S. 79.

Zum anderen ist entscheidend, dass das Nährstoffniveau des Schutzgebiets gesenkt wird. Dazu muss neben dem Ende der Torfzersetzung vor allem der Nährstoffeintrag aus der Umgebung, z. B. aus der umgebenden landwirtschaftlichen Nutzung und über nährstoffhaltiges Wasser, verhindert werden. Außerdem sollte der Aufwuchs auf den Artenschutzflächen gemäht und entfernt werden. Darüber hinaus kann man Nisthilfen einsetzen, die Fläche je nach Habitat kalken, konkurrierende Arten entfernen und erwünschte Spezies bei ihrer Ausbreitung unterstützen oder sogar aktiv ansiedeln.[214]

Moore als Archive der Evolution und Geschichte

Moore sind nicht nur bedrohte Lebensräume für viele besonders angepasste Pflanzen- und Tierarten, sondern sie ermöglichen auch Einblicke in die Vegetations-, Klima- und Menschheitsgeschichte der letzten 10.000 Jahre.

Wegen der konservierenden Bedingungen der Torfe, vor allem wegen des fehlenden Sauerstoffs, bleiben in Mooren manche Fundstücke aus längst vergangenen Zeiten erhalten, die in mineralischen Böden nahezu vollständig zersetzt werden. In Hochmooren werden organische Materialien wie Holz, Leder, Wolle, Pelze, Krallen, Hufe, Haut oder Edelmetalle wie Bronze so gut konserviert, dass sie nahezu unverändert aufgefunden werden und beispielsweise Rückschlüsse auf die Kleidung ihrer Träger zulassen. Knochenfunde in Hochmooren behalten zwar ihre Form, sind aber entkalkt. In Niedermooren mit den anderen dort vorherrschenden mechanischen und chemischen Bedingungen gehen Weichteile, Haut, Haare, Horn u. Ä. verloren. Knochen, Eisen und Keramik bleiben dagegen kaum verändert erhalten.

Moorfunde traten vor allem zutage, wo Torf von Hand abgebaut wurde. Zu den Funden zählen nicht nur die spektakulären Moorleichen, sondern auch Reste von Insekten, wie Ameisen und Käfer, Hornscheiden von Gehörnen, Geweihe oder entkalkte Zähne. Gegenstände aller Art, Vogelkörper und die Körper größerer Säugetiere, die nicht ins Moor einsanken, wurden allerdings nicht konserviert. Dagegen existieren umfangreiche Knochen- und Geweihfunde aus dem Umfeld steinzeitlicher Wohnplätze, die die Bedeutung des Rentiers, später anderer Beutetiere und der ersten Haustiere für

214 Field u. Tanneberger, 2011, S. 84 ff.

die damaligen Menschen widerspiegeln. Die Untersuchungen von Baumresten und die Analysen von Blütenpollen in den Torfen gestatten außerdem Rückschlüsse auf die Umweltbedingungen im Verlauf von mehreren Tausend Jahren.

Einige der Siedlungsplätze an Mooren sind gut untersucht und dokumentieren die Entwicklung von Wohngebäuden, Werkzeugen und anderen Alltagsgegenständen. Von großem archäologischen Interesse sind außerdem die Verkehrsverbindungen durch Moore, die zumeist aus Holz gebaut wurden und Etappen von Handelsrouten oder Verbindungen von Heerstraßen bildeten. Solche Bohlenwege, die über 5.000 Jahre alt sein können, wurden im Torf ebenfalls gut konserviert. Entlang der Bohlenwege wurden zudem zahlreiche Bestandteile von Fahrzeugen aus unterschiedlichen Entwicklungsphasen und Reste von Kultplätzen gefunden.[215]

215 Hayen, 1990, S. 156 ff.

Schutzmaßnahmen für Moore und Moorböden

Wichtige Gründe sprechen dafür, Moore und Moorböden zu schützen, ihre speziellen Funktionen zu erhalten und, wo immer möglich, wiederherzustellen. Um eine weitere Degradation von Moorböden, also die Verschlechterung ihres Zustandes, zu verhindern, muss ihre Entwässerung beendet werden. Wo dies aus triftigen Gründen nicht möglich ist, muss man die Entwässerung zumindest so stark wie möglich reduzieren. Dies dient dem Klima- und dem Artenschutz und ermöglicht zusätzliche sogenannte Ökosystemdienstleistungen wie die geschilderte Wasser- und Nährstoffspeicherung durch die Torfkörper. Diese Ziele machen allerdings eine weitgehende Veränderung der Nutzungsstrukturen und letztendlich die Aufgabe der intensiven Nutzungsformen notwendig.[216]

Die Reduzierung der Entwässerung und die Annäherung, möglichst die Angleichung des Wassermanagements an naturnahe Verhältnisse sind die entscheidenden Schlüssel, um die genannten Schutzziele zu erreichen.[217] Je nach Zielsetzung muss entschieden werden, welcher Wasserstand für das konkrete Gebiet angestrebt wird. Letztendlich ist aber die Umstellung der entwässerungsbasierten Nutzung von Moorböden auf Verfahren, die wesentlich höhere Wasserstände zulassen, die einzige Möglichkeit, dauerhaft klimaschonend auf solchen Böden zu wirtschaften.[218]

Die verbliebenen intakten oder zumindest naturnahen Moore in Deutschland sind in der Regel als Naturschutzgebiete ausgewiesen und finden inso-

216 Sachverständigenrat für Umweltfragen, 2012, S. 247.

217 Parish et al., 2008, S. xi.

218 Abel et al., 2019, S. 39.

fern bereits spezielle Beachtung. Das schließt allerdings nicht aus, dass auch in Naturschutzgebieten Flächen existieren, deren organische Böden weiter degradieren und über deren künftige Nutzung bzw. Wassermanagement diskutiert werden müsste. Von wesentlich größerer Bedeutung für den Klimaschutz sind allerdings die derzeit noch in herkömmlicher Weise land- oder forstwirtschaftlich genutzten Moorböden, die häufig keinem moorspezifischen Schutz unterliegen. Deren Renaturierung oder Umstellung auf eine klimaschonende Nutzung stehen im Zentrum der weiteren Darstellungen.

Wissenschaftlichen Schätzungen zufolge wäre es in Deutschland möglich, durch eine klimafreundliche Moornutzung, d. h. durch Nutzungsänderungen wie beispielsweise Extensivieren und zugleich konsequentes Wiedervernässen auf naturnahe Wasserstände, rund drei Viertel der Treibhausgasemissionen aus dieser Quelle einzusparen.[219]

Wiedervernässung

In aller Regel sind die in der Vergangenheit durchgeführten Regulierungen des Wasserhaushaltes, sprich das Drainieren und damit Entwässern der Moorböden, die wichtigste Ursache für den schlechten Erhaltungszustand der Moore, die massive Zersetzung des Torfs und damit auch die umfangreichen Treibhausgasemissionen dieser Flächen (vgl. Tabellen 5 und 7). Es liegt deshalb auf der Hand, die Entwässerung so weit wie möglich rückgängig zu machen. Das Ziel bei der Anhebung des Wasserstandes ist, die weitere Zersetzung des Torfes zu verhindern, damit die Torfkörper zu stabilisieren und, wenn möglich, das Torfwachstum zu erneuern.[220] Je weiter die Degradierung der Torfkörper und die vom Menschen verursachten Veränderungen fortgeschritten sind, umso mehr ist allerdings damit zu rechnen, dass die ursprünglichen Verhältnisse nicht wiederhergestellt werden können.[221] Im Hinblick auf die freigesetzten Mengen von Treibhausgasen sind wiedervernässte Flächen auf längere Sicht solchen Gebieten ähnlich, die nicht entwässert wurden.[222]

219 Drösler et al., 2011, S. 3.

220 Schleswig-Holsteinischer Landtag, 2011, S. 16.

221 Dierßen u. Dierßen, 2008, S. 176 ff.

222 Wilson et al., 2016, S. 6 f.

Techniken für die Wiedervernässung

Das Anheben des Wasserspiegels in Moorflächen geschieht vor allem, indem Wasserabflüsse blockiert werden. Auf diese Weise können bis zu 85 % der Wasserverluste von entwässerten Mooren rückgängig gemacht werden.[223] Um Abflüsse wie Gräben oder andere Drainagen zu blockieren, werden unterschiedliche Techniken verwendet.

Das Verfüllen von Entwässerungsgräben gilt als wirksamste Methode, um den Wasserstand in Mooren anzuheben, und ermöglicht, die ursprünglichen Wasserverhältnisse in Mooren wiederherzustellen. Allerdings werden bei dieser Methode größere Mengen Torf oder anderes Material, das die Qualität und das Zirkulieren des Wassers nicht beeinträchtigt, zum Auffüllen der Gräben benötigt. Alternativ dazu können Dämme, Stauwerke und Sperren in den Entwässerungsgräben eingerichtet werden, die das Abfließen des Wassers behindern. Solche Sperren, die aus unterschiedlichen Materialien gebaut werden können und möglichst wartungsarm sein sollten, eignen sich besonders bei nicht zu starkem Gefälle im Entwässerungssystem. Bei geringem Gefälle können sie einen Rückstau des Wassers bis zur Geländeoberfläche bewirken und damit das Wachstum von Torfmoosen oder anderen moortypischen Pflanzen begünstigen.

Um Sperren zu errichten, werden häufig Spundwände aus möglichst witterungsbeständigem Holz im Torf verankert. Je nach Situation müssen Überläufe oder Rohrdurchlässe eingeplant werden. Eine weitere Variante sind bauliche bzw. technische Hilfsmittel, mit denen der Wasserstand gezielt auf eine bestimmte Höhe reguliert werden kann. Mit solchen regulierbaren Einrichtungen lassen sich auch die Bedingungen für den Anbau bestimmter Pflanzen auf wiedervernässten Flächen schaffen.[224, 225]

Vor allem bei gepolderten, d. h. eingedeichten Niedermoorflächen und teilweise bei Hochmoorgrünland kann der Grundwasserstand bereits durch Abschalten von Pumpwerken und die Unterbrechung von Drainagen erfolgreich angehoben werden. Dabei können überstaute Flächen oder Flachwasserseen entstehen. Bei stärkerem Gefälle wie beispielsweise bei nicht

223 Landry u. Rochefort, 2012, S. 23.

224 Landry u. Rochefort, 2012, S. 27 f.

225 Röhl et al., 2012, S. 17 f.

Abbildung 18

Kleine Sperre aus Holz mit Überlauf, Wurzacher Ried

Abbildung 19

Sperre zur Anhebung des Wasserstandes, Pfrunger-Burgweiler Ried

bewirtschafteten Hochmoorbiotopen werden unter Umständen eng gestaffelte Grabenverfüllungen oder Sperren benötigt.

Die Auswirkungen eines veränderten Wasserspiegels auf die Vegetation werden nicht sofort erkennbar. Nach wenigen Jahren können sich aber wieder moortypische Pflanzen ausbreiten. Außerdem sterben oftmals die Bäume bei hohen Wasserständen auf den vernässten Flächen ab, weil sie nicht an diese Wasserstände angepasst sind.

Abbildung 20
Absterbender Wald nach Wiedervernässung im Pfrunger-Burgweiler Ried

Treibhausgasbilanzen nach Wiedervernässung

Die Wiedervernässung von Moorböden zieht je nach Standort und erreichtem Wasserstand unterschiedlich umfangreiche Auswirkungen für die Bewirtschaftung und die Einsparung von Treibhausgasen nach sich. Die möglichen Folgen reichen von einer Extensivierung der Bewirtschaftung über Nutzungsänderungen bis hin zur Nutzungsaufgabe. Durch Wiedervernässung lassen sich jährlich pro Hektar durchschnittlich 10 t CO_2-Äq. an Treibhausgasemissionen vermeiden, bei tief entwässerten Moorstandorten bis zu 25 t. Die Anhebung des mittleren Wasserstandes unter der Mooroberfläche um 10 cm führt pro Hektar im Durchschnitt zu einer Verminderung der CO_2-Emissionen um ungefähr 5 t im Jahr.[226] Als optimal zur Einsparung klimarelevanter Emissionen gelten meistens Wasserstände von ca. 10 cm unter der Mooroberfläche.[227, 228, 229, 230, 231]

Die Wiedervernässung der organischen Böden führt bei allen vorherigen Nutzungsarten zu einem erheblichen Rückgang der CO_2-Emissionen. Zum Teil kommt es sogar wieder zu einer zusätzlichen Bindung von CO_2 aus der Atmosphäre, wenn es gelingt, eine torfbildende Vegetation auf den vernässten Flächen zu etablieren. Da zudem die Freisetzung von Lachgas nach der Wiedervernässung fast vollständig endet, werden die Auswirkungen der vermehrten Methanbildung, die im nassen Zustand auftritt, in der Regel deutlich überkompensiert. Auf diese Weise wird durch Wiedervernässung eine erhebliche Verminderung der Treibhausgasemissionen, also der freigesetzten Kohlendioxidäquivalente, aus Moorböden erreicht.[232]

In einigen Studien und bei ökonomischen Erwägungen wird davon ausgegangen, dass ungefähr 20 Jahre nach Einleitung der Wiedervernässung, also wenn nach der methandominierten Umwandlungsphase weitgehend klimaneutrale Bedingungen vorliegen, eine Verminderung der Treibhausgasemissionen von jährlich 20 bis 40 t CO_2-Äq. pro Hektar auf zuvor intensiv

226 Abel et al., 2019, S. 13.
227 Drösler et al., 2011, S. 10.
228 Schleswig-Holsteinischer Landtag, 2011, S. 12.
229 Drösler et al., 2013, S. 67.
230 Röhl et al., 2016, S. 14.
231 Bayerisches Landesamt für Umwelt, 2013, S. 4.
232 Wilson et al., 2016, S. 11 f.

Tabelle 8

Verminderung der Treibhausgasfreisetzung nach Wiedervernässung[233, 234]

Nutzung	Jährliche Treibhausgas-emissionen in t CO_2-Äq. pro ha	Jährliche *Einsparung* an Treibhausgasen in t CO_2-Äq. pro ha *nach Wiedervernässung*
Acker	38	26
Grünland, tief drainiert	24–30	17–21
Grünland, flach drainiert	17	5–6
Wald	12	bis 8
Torfabbau	12–13	9

Anmerkung: Für die Angaben in dieser Tabelle haben die Autoren der zugrunde liegenden Studie Daten aus der gesamten gemäßigten Klimazone und eine andere Einteilung bei der Nutzung verwendet, weshalb sich die Zahlen nicht genau mit den Angaben in Tabelle 5 decken, aber die gleiche Größenordnung zeigen.

landwirtschaftlich genutzten und deshalb tief entwässerten Flächen erreicht wird.[235]

Das Klimaschutzpotenzial pro Hektar ist bei der Wiedervernässung in Nieder- und Hochmooren ähnlich. Bei mäßiger und intensiver Drainage mit Jahresmittelwasserständen, die tiefer als 20 cm unter Flur liegen, unterscheiden sich die Treibhausgasbilanzen zwischen Nieder- und Hochmooren nicht. In nasseren Situationen sind Hochmoore weitgehend klimaneutral und lediglich bei Überstau geringe Treibhausgasquellen. Niedermoore bleiben dagegen meist auch im renaturierten Zustand selbst ohne Überstau geringe Treibhausgasquellen.[236]

Auch wenn intensiv genutztes Grünland auf Moorböden fast ebenso klimaschädlich ist wie die Ackernutzung, kann der Torfschwund bei den Äckern höher als bei vergleichbar tief drainiertem Grünland sein. In solchen

233 Wilson et al., 2016, S. 11.

234 Joosten et al., 2016a, S. 75.

235 Wissenschaftlicher Beirat Agrarpolitik, Ernährung und gesundheitlicher Verbraucherschutz und Wissenschaftlicher Beirat Waldpolitik, 2016, S. 147.

236 Drösler et al., 2011, S. 11.

Fällen kann eine Umwandlung von Acker zu Grünland den Abbau von Torf verlangsamen. Ein wirkungsvoller Schutz des Torfkörpers entsteht aber erst ab einem Wasserstand von weniger als 20 cm unter Flur. Um weitere 15 bis 25 % emissionsärmer als solches nasses Extensivgrünland sind allerdings die Flächen, die einen Jahresmittelwasserstand von ca. 10 cm unter Flur aufweisen. Dies ist – wie bereits dargestellt – aus Klimaschutzsicht der Optimalzustand nach Wiedervernässung.[237]

Ein zusätzlicher Nebeneffekt der Wiedervernässung von organischen Böden ist der Schutz vor Moorbränden, die ebenfalls erhebliche Mengen klimarelevanter Gase freisetzen.

Grenzen, Hindernisse und Einwände

Trotz ihrer enormen Bedeutung für den Klima- und Artenschutz werden Bestrebungen zur Wiedervernässung von Moorböden nicht immer und überall begrüßt. Schnell entstehen Befürchtungen, dass Flächen und Gebäude nicht mehr in der gewohnten Weise genutzt werden können und damit an Wert für die Eigentümer verlieren. Außerdem gilt es, die keineswegs gleichlautenden Interessen von Klima- und Artenschutz in Einklang zu bringen.

Interessenkonflikt Flächenbedarf

Da der überwiegende Teil der Moorböden in Deutschland zurzeit land- und in geringerem Maße forstwirtschaftlich genutzt wird, tragen solche Flächen in der Regel zum Einkommen eines Betriebes bei. Selbst wenn die organischen Böden keineswegs immer zu den ertragsstärksten Flächen eines Betriebes gehören, wird die Ernte doch eingeplant, sei es als Tierfutter wie Mais (Silomais, Corn-Cob-Mix), Grünfutter und Heu oder als Substrat für die Energiegewinnung in Biogasanlagen. Eine konsequente Wiedervernässung von landwirtschaftlich genutzten Flächen bedeutet aber, dass die Flächen mit konventioneller Technik nicht mehr befahren werden können und sich der Aufwuchs erheblich verändert. Es muss deshalb ein angemessener finanzieller Ausgleich für die Veränderungen bei der Nutzung und damit verbundene Ertragseinbußen geleistet werden.

237 Drösler et al., 2011, S. 10.

Abbildung 21
Straßenbau auf organischem Boden

Andere Flächen mit organischen Böden werden durch Straßen und Gebäude überbaut, und in manchen Regionen stehen hohe Grundstückspreise Renaturierungsbemühungen entgegen. Nach der Bebauung dürfte eine Renaturierung nahezu ausgeschlossen oder sehr teuer sein; klimarelevante Emissionen finden allerdings weiterhin statt (vgl. Tabelle 7).

Zielkonflikt Wasserstand und Artenschutz

Auch im Hinblick auf die Höhe des bei der Wiedervernässung angestrebten Wasserstandes gibt es unterschiedliche Zielvorstellungen. Will man beispielsweise die Ausbreitung und das Wachstum moortypischer torfbildender Moose wie bestimmter Sphagnum-Arten oder von Seggen anregen, dann ist eine Anhebung des Wasserstandes bis nahe der Geländeoberfläche erstrebenswert. Auch die Wasserstandsschwankungen sollten dann begrenzt sein.[238]

238 Dierßen u. Dierßen, 2008, S. 177.

Für den Erhalt ehemaliger Streuwiesen, die als besonders artenreich gelten, müssen die Flächen dagegen regelmäßig gemäht werden, was erleichtert wird, wenn die Tragfähigkeit des Bodens zumindest phasenweise für Maschinen ausreicht. Ein weniger hoher Wasserstand kommt hier auch der Artenvielfalt zugute.

Bei flurnahen Wasserständen steigt außerdem das Risiko eines Überstaus, der manchen Spezies schadet, anderen nutzt, vor allem aber wegen der Zunahme der Methanemissionen häufig abgelehnt wird. Da bei der Renaturierung aber nie alle Teilflächen gleich effektiv wiedervernässt werden, bleiben in der Regel trockenere und nassere Zonen erhalten und ermöglichen das Überleben der unterschiedlichen Arten. Im Zuge der Bestandserfassung vor der Wiedervernässung muss deshalb vor allem geprüft werden, ob die Größe der jeweiligen Teilflächen nach der Wiedervernässung dem Bestand der schützenswerten Spezies entspricht.[239]

Durch Wiedervernässung können außerdem offene Wasserflächen beispielsweise in den angestauten Gräben entstehen. Solche Wasserflächen bieten vielen Lebewesen attraktive Lebensräume, sind aber z. B. für Hochmoore untypisch. Ähnliches gilt für Wasserflächen, die durch Überstau entstehen und ohnehin wegen der damit verbundenen Methanbildung vermieden werden sollten.

Das Methanproblem und die Treibhausgasbilanz nach Wiedervernässung

Ab einem Wasserstand von 20 cm unter Flur oder noch geringeren Abständen zur Oberfläche und ganz besonders von überstauten Flächen entweicht am meisten klimaschädliches Methan aus Moorböden. Dieser Effekt tritt auch bei Wiedervernässung auf und wird durch den Bewuchs der Fläche mit Gefäßpflanzen wie Schilf und Sauergräsern verstärkt. Große Mengen Methan entstehen auch, wenn Pflanzenreste oder Ernterückstände unter der Wasseroberfläche zersetzt werden.

Nach der Wiedervernässung von Moorböden lassen sich drei Phasen mit unterschiedlicher Klimarelevanz unterscheiden. In der ersten Phase treten hohe Methanemissionen auf, die von einer geringen CO_2-Fixierung aus der Atmosphäre begleitet werden. Diese initiale Phase ist deutlich klimaschäd-

239 Röhl et al., 2012, S. 11.

lich. In der zweiten Phase gehen die Methanemissionen zurück, und die CO_2-Bindung erreicht ihr Maximum, wodurch ein leicht positiver Klimaeffekt erreicht wird. Für die dritte Phase werden ähnliche Verhältnisse wie in natürlichen Mooren erwartet. In diesem Zustand entweicht wenig Methan aus der wiedervernässten Fläche, und die CO_2-Festlegung ist ebenfalls niedrig. Die dritte Phase ist demnach annähernd klimaneutral.[240] Deshalb ist auch diese Phase hinsichtlich der Treibhausgasbildung viel günstiger als die vorherige Nutzung entwässerter Flächen mit ihrer starken Torfzersetzung, weil der positive Klimaeffekt der Wiedervernässung vor allem durch das langfristige Einsparen von CO_2-Emissionen und nicht durch die Freisetzung des Methans bestimmt wird.

Wie lange die geschilderten drei Phasen dauern, ist zwar noch nicht abschließend geklärt. Um dennoch die Treibhausgasbilanz von Wiedervernässungen abzuschätzen, haben Wissenschaftler auf der Grundlage von Messdaten eines großen Wiedervernässungsprojektes mehrere zeitliche Verläufe berechnet. Selbst wenn man von einer sehr langen ersten und einer kurzen zweiten Phase ausgeht, dann werden – auf einen Zeitraum von 100 Jahren gerechnet – immer noch fast 80 % der Treibhausgasemissionen eingespart, die bei einer andauernden konventionellen Nutzung der Flächen zu erwarten wären. Auch bei einem ungünstigen zeitlichen Verlauf der drei Phasen kann ab dem zwölften Jahr nach der Wiedervernässung damit gerechnet werden, dass insgesamt weniger Treibhausgase emittiert werden als ohne Wiedervernässung.[241]

Sogar bei der unerwünschten Überstauung und den teilweise erheblichen Methanemissionen, die dabei auftreten, findet für zuvor intensiv genutzte Flächen in der Regel eine Reduktion der Treibhausgasemissionen statt. Die Klimawirksamkeit des Überstaus erreicht nur in extremen Einzelfällen die Größenordnung der Treibhausgasbildung von intensiv bewirtschafteten Grünland- und Ackerflächen.[242] Dies kann der Fall sein, wenn sich bei Überstau in nährstoffreichen Niedermooren Mudden, also angeschwemmte Ablagerungen aus organischem Material, bilden oder leicht zersetzbare Biomasse fault. Dann können extrem hohe Methanemissionen entstehen, die

240 Augustin u. Joosten, 2007, S. 29.

241 Augustin u. Joosten, 2007, S. 30.

242 Tiemeyer et al., 2013, S. 17.

Abbildung 22
Wiedervernässte Moorfläche, Schwenninger Moos

eine ähnliche oder sogar größere Klimawirkung als Ackernutzung haben. Überstau während der Vegetationsperiode sollte deshalb vermieden bzw. auf möglichst kleine Flächen oder auf kurze Zeiträume zur Wiederbesiedelung durch Torfmoose beschränkt werden. Die Renaturierungspraxis mit großflächigem Überstau, z. B. nach Torfabbau, muss insofern überdacht werden. Das Wassermanagement sollte letztlich so gestaltet werden, dass sich möglichst schnell Torfmoose oder entsprechende torfbildende Pflanzen einstellen. Wenn die Torfmoose aus wassergesättigten Flächen herauswachsen, kann das im Torf gebildete Methan wie bei natürlichen Mooren vor Erreichen der Oberfläche partiell wieder verbraucht und abgebaut werden.[243]

243 Drösler et al., 2011, S. 10 f.

Um im Rahmen der Wiedervernässung möglichst wenig Methan zu erzeugen und dadurch früh die Nutzenschwelle zu erreichen, werden mehrere Maßnahmen diskutiert. Dazu zählt die Entfernung der Pflanzendecke und der obersten Bodenschicht vor der Wiedervernässung, um die Methanbildung aus der ober- und unterirdischen Pflanzenmasse und den Vorrat an Nährstoffen zu vermindern. Weitere Techniken sind die Verwendung von möglichst nährstoffarmem Wasser, das schrittweise Anheben des Wasserstandes und ebendie Vermeidung von Überstauung oder offenen Wasserflächen.[244, 245]

Maßnahmen rund um die Wiedervernässung

Für erfolgreiche Wiedervernässungsprojekte muss bei der Planung nicht nur die technische Ausführung bedacht werden. Von großer Bedeutung sind auch die Verfügbarkeit zusammenhängender Flächen und die Akzeptanz des Projekts durch alle Betroffenen einschließlich der Bevölkerung der Umgebung.

Für die Flächenbereitstellung kann es notwendig werden, Flächen aufzukaufen und zu tauschen, Gestattungsverträge mit den Eigentümern abzuschließen oder im Rahmen einer Flurbereinigung die Voraussetzungen für die Renaturierung von Mooren zu schaffen.[246] Selbstverständlich müssen auch die Nutzer der Flächen zustimmen.

Außerdem muss berücksichtigt werden, ob ausreichend Wasser von geeigneter Qualität zur Verfügung steht, ob Flächen als Pufferzonen zum Schutz gegen unerwünschte Nährstoffeinträge vorhanden sind[247] und welche Pflegemaßnahmen oder Nutzungen nach der Wiedervernässung notwendig werden bzw. möglich sind. In vielen Fällen muss dafür gesorgt werden, dass die Flächen zu bestimmten Zeitpunkten gemäht und das Wachstum von Gehölzen begrenzt wird, um die lichtbedürftigen Offenlandpflanzen zu fördern.

Selbstverständlich muss auch berücksichtigt werden, welche Lebensräume sich an eine Fläche anschließen, die zur Wiedervernässung vorgesehen ist, ob gefährdete Arten darin vorkommen und welche Auswirkungen ein

244 Zak et al., 2018, S. 317.

245 Abel et al., 2019, S. 13.

246 Niedersächsisches Ministerium für Umwelt, Energie und Klimaschutz, 2016, S. 52.

247 Niedersächsisches Ministerium für Umwelt, Energie und Klimaschutz, 2016, S. 37.

höherer Wasserstand dort haben wird.[248] Auch die Folgen für die Nutzung angrenzender Flächen müssen abgeschätzt, diskutiert und im Bedarfsfall ausgeglichen werden.

Die Durchführung von Renaturierungsprojekten gliedert sich deshalb oft in vier Phasen:[249]

- Vorabklärung der Akzeptanz, möglicher Trägerstrukturen, der Finanzierung und der Flächenverfügbarkeit,
- Erhebung vorhandener Daten und, falls erforderlich, weitere Untersuchungen,
- Entwurfsplanung,
- Umsetzungsphase.

Weitere Untersuchungen können beispielsweise erforderlich sein, um die vorhandenen Arten und Biotope auf der Projektfläche zu erfassen, auch damit die Auswirkungen der Vernässung für den Artenschutz durch spätere Vergleichsuntersuchungen bewertet werden können.[250]

Nutzung wiedervernässter Moorflächen

Um Torfzehrung auf organischen Böden und damit verbundene Treibhausgasemissionen zu verringern, muss es zur Anhebung des Wasserstandes der Flächen kommen. Bei allen Nutzungsvarianten auf Moorstandorten, die eine dauerhafte Absenkung des Wasserstandes von mehr als 20 cm unter Flur erfordern, findet allerdings weiterhin Torfzehrung und damit CO_2-Freisetzung statt. Sie stellen keine wirklich nachhaltige Bodennutzung dar. Streng genommen können nur Verfahren als nachhaltige Nutzung verstanden werden, die bei hohen Wasserständen praktikabel und kostendeckend zu betreiben sind.[251] Die Verfahren mit hohen Wasserständen bringen jedoch besondere Herausforderungen bei der Bewirtschaftung der Flächen mit sich. Dies betrifft sowohl die Entscheidung für die Art der Nutzung, den Anbau bestimmter Pflanzen wie auch die technische Ausstattung der Betriebe.

248 Röhl et al., 2012, S. 12.

249 Schleswig-Holsteinischer Landtag, 2011, S. 15.

250 Röhl et al., 2012, S. 12 ff., 23.

251 Ministerium für Landwirtschaft, Umwelt und Verbraucherschutz Mecklenburg-Vorpommern, 2009, S. 56.

Neben einer vollständigen Wiedervernässung von Moorböden gilt gerade bei Flächen, die bisher intensiv landwirtschaftlich genutzt wurden, eine schrittweise Extensivierung als geeigneter Weg, um in den Moorschutz einzusteigen und mehr Moorflächen einzubeziehen. Mit diesem Ziel wird in Bayern eine sogenannte Extensivierungskaskade vom Mooracker zur Moorwiese, vom Grünland zur Extensivwiese oder -weide und von der Extensivwiese zur Streuwiese bzw. zur vollständigen Nutzungsaufgabe vorgeschlagen.[252, 253]

Vor diesem Hintergrund werden auch in anderen Bundesländern Bewirtschaftungsformen genutzt, geprüft und teilweise gefördert, bei denen weniger hohe Wasserstände eingestellt werden, als für den Klimaschutz optimal wären. Je nach Wasserstand wird zwischen torferhaltenden und torfzehrungsmindernden Verfahren unterschieden.

Bei torferhaltender Nutzung ist der Grundwasserstand ganzjährig nahe der Geländeoberfläche, und der Boden ist wassergesättigt. Wenn die erforderlichen Wasserstände dafür aus unterschiedlichen Gründen nicht möglich sind, sollten die Wasserstände dennoch so hoch wie möglich eingestellt werden. Eine solche torfzehrungsmindernde Nutzung reduziert die Torfzehrung möglichst weit und verbessert die anderen Ökosystemdienstleistungen von Moorböden zumindest. Das Potenzial, torfzehrungsmindernde Verfahren großflächig umzusetzen, wird als hoch eingeschätzt.[254] Als torfzehrungsmindernd wird eingestuft, wenn die mittleren Wasserstände der Flächen zwar nicht bis 20 cm unter Flur angehoben werden können, der mittlere Wasserspiegel aber auch nicht tiefer als 40 cm unter Flur liegt.[255]

Eine Möglichkeit, bewirtschaftetes Niedermoorgrünland, Brachen oder zuvor ackerbaulich genutzte Moorstandorte bei solchen Wasserständen wirtschaftlich zu nutzen, ist die Umwandlung in extensive Feuchtwiesen. Deren Aufwuchs kann je nach Vegetationstyp und bei geeignetem Schnittzeitpunkt gutes Heu liefern.[256] Außerdem können solche Flächen als Feuchtweide genutzt werden.[257] Dabei werden bevorzugt leichtere Rinderrassen wie Aber-

252 Wichtmann et al., 2018, S. 3.

253 Bayerisches Landesamt für Umwelt, 2013, S. 4.

254 Ministerium für Landwirtschaft und Umwelt Mecklenburg-Vorpommern, 2017, S. 21.

255 Ministerium für Landwirtschaft und Umwelt Mecklenburg-Vorpommern, 2017, S. 25.

256 Schröder et al., 2015, Nr. 6.

257 Ministerium für Landwirtschaft und Umwelt Mecklenburg-Vorpommern, 2017, S. 25.

deen Angus, Hinterwälder, Fjäll-Rinder oder Schottische Hochlandrinder als Mutterkuhherden eingesetzt.[258] Feuchte Standorte lassen sich außerdem als Kurzumtriebsplantagen aus Schwarzerlen oder Weiden bewirtschaften. Das geerntete Holz wird zu Hackschnitzeln, Holzpellets oder Spanplatten verarbeitet.[259]

Zu den torfzehrungsmindernden Verfahren zählt außerdem die saisonale Vernässung im Winter, die bei extensiver Grünlandbewirtschaftung zum Einsatz kommen kann. Eine weitere Variante ist die Unterflurbewässerung, die in den Niederlanden entwickelt wurde. Dabei werden die Flächen zur gezielten Steuerung von Wasserabfluss und -zufluss in engem Abstand drainiert. Die niederländischen Erfahrungen zeigen, dass auf diese Weise die Moorsackungen deutlich reduziert werden, ohne dass die Erträge des Grünlandes abnehmen.[260, 261, 262]

Paludikulturen

Um Landwirten zusätzliche Perspektiven für den Ersatz der konventionellen Nutzung von Moorflächen zu bieten, gibt es vielfältige Bestrebungen, sogenannte Paludikulturen zu etablieren. Der Begriff Paludikultur geht auf den lateinischen Begriff »palus« für Sumpf oder Morast zurück und fasst die Nutzungen von Moorböden zusammen, mit denen sich auf nassen Standorten Rohstoffe erzeugen lassen. Paludikulturen werden torferhaltend angelegt, weshalb sie bei Wasserständen von 10 cm unter Flur oder höher wachsen. Auf diese Weise sollen die Treibhausgasbildung der Flächen bestmöglich verhindert und andere Ökosystemleistungen von Mooren wiederhergestellt werden.[263] Manche der Pflanzen, die sich bei torferhaltenden Wasserständen anbauen lassen, haben eine lange Nutzungsgeschichte. Inzwischen wurde eine Datenbank über mögliche Paludikulturpflanzen und ihre Verwendungsmöglichkeiten angelegt, die über 1.000 Pflanzenporträts

258 Schröder et al., 2015, Nr. 5.

259 Schröder et al., 2015, Nr. 3 u. 4.

260 Niedersächsisches Ministerium für Umwelt, Energie und Klimaschutz, 2016, S. 53.

261 Wissenschaftlicher Beirat Agrarpolitik, Ernährung und gesundheitlicher Verbraucherschutz u. Wissenschaftlicher Beirat Waldpolitik, 2016, S. 144.

262 Ministerium für Landwirtschaft und Umwelt Mecklenburg-Vorpommern, 2017, S. 21.

263 Joosten et al., 2016b, S. 343.

enthält.[264] Rohstoffe aus Paludikulturen wurden und werden vor allem als Bau- und Werkstoffe, als Energieträger und als Tierfutter genutzt. Dennoch haben sich die Paludikulturen in der Praxis noch nicht durchgesetzt. Einige der Pflanzen, die sich als Paludikulturen nutzen lassen, wie Schilf, Torfmoose und Schwarzerlen, können aktiv zur Torfbildung beitragen.

Abbildung 23
Natürlicher, nicht zur Ernte bestimmter Schilfgürtel am Federsee

Schilf

Die Nutzung von Schilf als Baustoff zum Dachdecken, als Reet, hat eine lange Tradition. Die meterlangen Schilfhalme werden dazu im Winter geerntet und zu Bündeln zusammengeschnürt, mit denen die Dächer gedeckt werden. Nach einer Wiedervernässung kann sich Schilfrohr auf natürliche

264 Abel, 2016, S. 21.

Weise durch Wurzelausläufer innerhalb weniger Jahre über große Flächen ausbreiten, vorausgesetzt, dass Schilfpflanzen irgendwo in der Fläche überdauert haben. Bewährt hat sich aber auch, Setzlinge aus Samen oder Wurzelstecklinge gezielt anzupflanzen. Nach zwei bis drei Jahren kann das Schilfrohr zum ersten Mal durch Mähen geerntet werden. Schilf wird nicht nur zum Dachdecken verwendet, sondern kann auch zu Dämm- und Brandschutzplatten oder zu Matten als Putzträger für den Lehmbau und andere Zwecke verarbeitet werden.[265] Schilf aus der Winterernte besitzt außerdem sehr gute Eigenschaften als Festbrennstoff und kann in Heizkraft- oder Heizwerken als Beimischung zu anderen organischen Brennstoffen oder in Form von Pellets und Briketts verfeuert werden. Darüber hinaus ist Schilf ein idealer Rohstoff für die Gewinnung von Lignin und Zellulose, die im Bereich der Bioökonomie vielseitig verwertet werden.[266]

Rohrkolben

Degradierte und wiedervernässte nährstoffreiche Niedermoorstandorte eignen sich gut für die Kultivierung von Rohrkolben. Ihre natürliche Ausbreitung findet über Samen oder die Bildung von Ausläufern der Wurzeln statt. Auch eine gezielte Ansaat oder Pflanzung ist möglich. Rohrkolben sollten im frühen Winter bei gefrorenem Boden oder mit angepasster Technik geerntet werden. Anschließend werden sie bevorzugt zu unterschiedlichen Dämmmaterialien in Form von Platten[267] oder als loses Material zum Einblasen verarbeitet. Sie können außerdem als Energierohstoff eingesetzt werden.[268]

Rohrglanzgras, Seggen und Nasswiesen

Rohrglanzgras spielte historisch eine große Rolle als Pferdefutter. Es kann auf mäßig nassen Wiesen kultiviert werden und bildet eine feste Grasnarbe, was die Tragfähigkeit des nassen Bodens erhöht. Bei häufigem Überstau wird es allerdings durch Seggen, Schilf und Wasser-Schwaden verdrängt. Rohrglanzgras kann als loser Festbrennstoff, aber auch in Form von Pellets und Briketts in Heizkraftwerken verwendet werden. Auch mehrere Seggen-Arten, die

265 Oehmke u. Abel, 2016, S. 22 ff.

266 Abel, 2020, persönliche Mitteilung.

267 https://www.baustoffwissen.de/baustoffe/baustoffknowhow/daemmstoffe/naturbaustoff-platten-rohrkolben-waermedaemmung/, aufgerufen am 28.02.2020.

268 Oehmke u. Abel, 2016, S. 35 f.

Abbildung 24
Heuernte auf nassen Wiesen zur Biomassegewinnung für ein Heizwerk

natürlicherweise in Niedermooren vorkommen, gedeihen auf nassen Moorböden und können als Einstreu oder Energierohstoff genutzt werden.[269] Die Verbrennung der Biomasse findet allein oder gemischt mit Holzhackschnitzeln statt. Zu beachten ist, dass die Verbrennung sogenannter Halmgüter wie Schilf oder Rohrglanzgras mehr Asche erzeugt als das Verbrennen von Holz.[270]

In Mecklenburg-Vorpommern setzt ein Unternehmen seit 2014 den Aufwuchs von Nasswiesen erfolgreich als Biomasse in einem Nahwärmeheizwerk ein.[271]

269 Oehmke u. Abel, 2016, S. 35 ff.

270 Ahlhaus u. Jantzen, 2016, S. 49.

271 http://www.niedermoor-nutzen.de/index.html, aufgerufen am 28.02.2020.

Torfmoose

Neben der Kultivierung der genannten grasartigen Pflanzen gibt es außerdem Bestrebungen, Torfmoose auf wiedervernässten Hochmoorstandorten anzubauen.[272] Das Ziel ist, einen nachwachsenden Rohstoff für die Herstellung von Kultursubstraten für den Gartenbau zu gewinnen und damit einen Torfersatz für diesen Bereich zu erhalten. Das geerntete Torfmoossubstrat ist physikalisch und chemisch gering zersetztem Weißtorf ähnlich und könnte diesen Bestandteil in Blumenerden und anderen torfhaltigen Produkten ersetzen.

Das Torfmooswachstum wird durch einen gleichbleibend hohen Wasserstand wenige Zentimeter unter Flur begünstigt. Dies kann durch kontrollierte Be- und Entwässerung eingerichtet werden. Drei bis vier Jahre nach der »Ansaat« in Form von gehäckseltem Torfmoos ist die erste Ernte möglich.[273]

Schwarzerlen

Eine weitere Möglichkeit, Niedermoorflächen nach Wiedervernässung zu nutzen, besteht in der Anpflanzung von Schwarzerlen, um Energie- oder sogar Wertholz zu gewinnen. Die Erzeugung von Erlenwertholz im Hochwald ist allerdings auf nährstoffreiche Standorte beschränkt, die sich durch einen jahreszeitlichen Wechsel mit winterlichem Überstau und sommerlichem Absinken des Grundwasserspiegels auszeichnen. Die Erlenholzgewinnung auf wiedervernässten Standorten ist ökologisch und ökonomisch attraktiv, jedoch ist die Holzernte auf nassen Böden eine Herausforderung.[274, 275]

Weitere Beispiele und Nebeneffekte der Paludikulturen

Über die genannten Pflanzen hinaus könnten der Anbau von Beerenobst wie Molte- und Preiselbeeren oder Cranberrys und die Kultivierung von Heilpflanzen, z. B. Sonnentau und Mädesüß, auf vernässten Flächen etabliert werden.

272 https://uol.de/vegetationskunde/forschung/projekte/moosweit, aufgerufen am 28.02.2020.

273 Oehmke u. Abel, 2016, S. 37 f.

274 Ministerium für Landwirtschaft, Umwelt und Verbraucherschutz Mecklenburg-Vorpommern, 2009, S. 62 f.

275 Oehmke u. Abel, 2016, S. 37 f.

Paludikulturen tragen nicht nur dazu bei, dass Torfkörper durch Wiedervernässung geschützt werden können, ohne die Nutzung der Flächen vollständig aufgeben zu müssen. Paludikulturen können außerdem als Pufferzone zwischen renaturierten Mooren und konventionell genutzten Flächen angelegt werden, weil sie Nährstoffe abfangen und eine wasserklärende Rolle übernehmen können. Außerdem können Flächen mit Paludikulturen Lebensräume für seltene moortypische Tier- und Pflanzenarten bieten.

Ein besonders interessanter Zusatzeffekt von Paludikulturen entsteht, wenn die Biomasse, die auf vernässten Flächen produziert wird, dazu genutzt wird, fossile Energieträger wie Öl oder Gas möglichst direkt zu ersetzen. Auf diese Weise lassen sich zusätzliche CO_2-Einsparungen bewirken. Die energetische Verwertung des Aufwuchses landwirtschaftlicher Paludikulturen stellt insofern auch einen Beitrag zur Nutzung von Biomasse als Energierohstoff dar.[276] So kann beispielsweise die Biomasse-Ernte von ca. 200 ha Nasswiese 350.000 l Heizöl ersetzen.[277]

Zeitpläne und Kosten für den Moorbodenschutz

Um bis zum Jahr 2050 möglichst alle Treibhausgasemissionen aus Moorböden in Deutschland einsparen zu können, müssten jährlich ca. 50.000 ha wiedervernässt werden.[278] Davon ist die Realität weit entfernt.

Bereits 2016 haben zwei wissenschaftliche Beiräte der Bundesregierung gemeinsam drei mögliche Szenarien zum Klimaschutz durch eine Extensivierung der Nutzung und Wiedervernässung von Moorböden vorgelegt. Neben einem Basisschutz für alle organischen Böden nach den Regeln der guten fachlichen Praxis (vgl. Kapitel Rechtsvorgaben) wurden die Extensivierung und die Wiedervernässung für insgesamt 300.000 bis 900.000 ha landwirtschaftlich genutzter Moorflächen im Verlauf von 20 bis 30 Jahren empfohlen. Nach den Berechnungen dieser beiden Beiräte ließen sich Einsparungen von Treibhausgasen im Umfang von 7 bis 15 Mio. t CO_2-Äq. pro Jahr erzielen,

276 Ministerium für Landwirtschaft, Umwelt und Verbraucherschutz Mecklenburg-Vorpommern, 2009, S. 57.

277 https://www.moorwissen.de/de/paludikultur/imdetail/umsetzungsbeispiele/biomasseheizwerkmalchin.php, aufgerufen am 28.02.2020.

278 Abel et al., 2019, S. 7.

indem jeweils zwei Drittel der einbezogenen Flächen extensiv genutzt und ein Drittel wiedervernässt würden. Die Beiräte haben außerdem angemahnt, dass die Bundesregierung mit den Ländern und allen relevanten Akteuren eine gemeinsame Moorschutzstrategie entwickeln sollte.[279] Dieser Vorschlag wurde bislang nicht umgesetzt; allerdings soll eine solche Strategie derzeit erarbeitet werden.

Vermeidungs- und Schadenskosten

Im Hinblick auf die Kosten und die Rentabilität von Moorschutzmaßnahmen muss man zweierlei Kosten unterscheiden und gegeneinander abwägen. Zum einen gibt es Kosten, die entstehen, weil man Treibhausgase einsparen möchte, also die Vermeidungskosten. Zum anderen entstehen Kosten durch die Schadwirkungen der Treibhausgase, die sogenannten Schadenskosten.

Der Sperrenbau für die Wiedervernässung von Moorböden erfordert je nach Art und Größe der Sperre mehrere Hundert bis wenige Tausend Euro, vervielfältigt sich aber mit der Zahl der notwendigen Sperren.[280] Gravierender sind die Kosten für den Ankauf von Flächen, für den Ausgleich des Ertragsausfalls, für das Wassermanagement, für die Planung des Projektes und für die Folgekosten, die durch anschließende Pflegemaßnahmen auf den vernässten Flächen, durch Reparatur- und Wartungsarbeiten an den Sperren und durch sonstige Betreuungsaufgaben entstehen. Für ökonomische Betrachtungen werden solche Kosten üblicherweise auf einen Projektzeitraum von 20 Jahren verteilt. Das entspricht dem Zeitraum, für den auch die Einschätzungen zu den Treibhausgasemissionen als belastbar gelten.[281]

Die Treibhausgasvermeidungskosten sind am geringsten, wenn extensive, kaum oder nicht landwirtschaftlich genutzte Flächen vernässt werden können. Die Treibhausgaseinsparung pro Hektar ist zwar teilweise gering, den Einsparungen stehen dann aber verhältnismäßig geringe Kosten für Ertragsausfälle u. Ä. gegenüber. Als rentabel gilt außerdem, intensiv landwirtschaftlich genutzte Flächen vollständig bis zum naturnahen Zustand unter Nutzungsaufgabe zu vernässen, weil in diesem Fall den teilweise sehr hohen Kosten auch sehr hohe Treibhausgaseinsparungen pro Hektar gegenüberstehen. Die

279 Wissenschaftlicher Beirat Agrarpolitik, Ernährung und gesundheitlicher Verbraucherschutz und Wissenschaftlicher Beirat Waldpolitik, 2016, S. 138, 145 ff., 329 ff.

280 Röhl et al., 2012, S. 25.

281 Drösler et al., 2012, S. 101.

Vermeidungskosten für die Einsparung von Treibhausgasen durch Wiedervernässung werden mit 10 bis 135 Euro pro Tonne CO_2-Äq. beziffert, können aber unter ungünstigen Bedingungen auch höher sein.[282]

Kostenschätzungen für eine bloße Extensivierung der Moornutzung fallen dagegen häufig vergleichsweise höher aus. Die Flächen können im Gegensatz zu wiedervernässten Flächen zwar weiterhin genutzt werden, erbringen aber erheblich geringere Erträge. Gleichzeitig ist das Vermeidungspotenzial für Treibhausgase relativ gering und die Vermeidungskosten pro Tonne deshalb hoch. Soll nur teilweise wiedervernässt und teilweise extensiviert werden, muss mit Vermeidungskosten von 2 bis 380 Euro pro Tonne CO_2-Äq. gerechnet werden.[283, 284]

Dennoch sind die CO_2-Vermeidungskosten durch Moorschutzmaßnahmen – vor allem bei Wiedervernässung – geringer als Klimaschutzmaßnahmen in anderen Bereichen.[285, 286] Moorschutzmaßnahmen gelten auch international als kosteneffektive Maßnahmen für langfristigen Klimaschutz.[287] Immerhin sollte man beachten, dass die CO_2-Äq.-Vermeidungskosten zwar häufig für Projektzeiträume von 20 Jahren kalkuliert werden, die Einsparungen bei den Emissionen aber bei fortgesetzter Vernässung über diesen Zeitraum hinaus anhalten und dann geringeren Kosten für die Instandhaltung der vernässten Flächen gegenüberstehen.

Den Vermeidungskosten stehen nach aktuellen Erhebungen Schadenskosten von derzeit 180 Euro pro Tonne CO_2-Äq. entgegen, die eigentlich den Verursachern in Rechnung gestellt und bei der Preisgestaltung von Produkten berücksichtigt werden müssten.[288] Wenn man unterstellt, dass die Wiedervernässung von Moorflächen dauerhaft ist, dann entsteht vor diesem Hintergrund in absehbarer Zeit ein erhebliches finanzielles Einsparvolumen an Schadenskosten pro Hektar vernässtem Moorboden.

282 Drösler et al., 2011, S. 12.

283 Höper, 2015, S. 151.

284 Wissenschaftlicher Beirat Agrarpolitik, Ernährung und gesundheitlicher Verbraucherschutz und Wissenschaftlicher Beirat Waldpolitik, 2016, S. x, 150.

285 Schleswig-Holsteinischer Landtag, 2011, S. 12.

286 Höper, 2015, S. 154.

287 Parish et al., 2008, S. vi.

288 Umweltbundesamt, 2019b, S. 9.

Rechtsrahmen und Schutzprogramme für Moore und Moorböden

Für den Moor- und Moorbodenschutz in Deutschland bilden vor allem zwei Gesetze den rechtlichen Rahmen: das Bundesnaturschutzgesetz (BNatSchG) und das Bundesbodenschutzgesetz (BBodSchG). Durch diese Gesetze und die dazugehörigen Verordnungen werden mehrere Vorgaben der EU im nationalen Recht verankert. So werden beispielsweise die Fauna-Flora-Habitat-Richtlinie (Richtlinie 92/43/EWG) und die Vogelschutzrichtlinie (Richtlinie 2009/147/EG) durch das BNatSchG ins deutsche Recht integriert. Das BNatSchG wie auch das BBodSchG werden außerdem durch Gesetze der einzelnen Bundesländer ergänzt. Für die Umsetzung, d. h. die Durchführung, des Moorschutzes sind in erster Linie die Länder zuständig.

Ziele und Strategien zum Moorbodenschutz werden zurzeit meistens in Schutzprogrammen oder -konzepten für größere Regionen wie die Bundesländer zusammengefasst. Sie enthalten viele freiwillige Maßnahmen und ergänzen so den gesetzlichen Rahmen. Immerhin hat sich dabei inzwischen die Erkenntnis durchgesetzt, dass es beim Moorschutz um weit mehr als den Erhalt von Tier- und Pflanzenarten geht. Zu den Zielen gehören neben der Bewahrung der moortypischen Artenvielfalt vor allem der Erhalt der Torfkörper, wenn möglich, neues Torfwachstum und ein standorttypischer Wasser- und Nährstoffhaushalt.[289]

289 https://www.moorschutz-deutschland.de/index.php?id=344, aufgerufen am 21. 11. 2019.

Rechtsvorgaben zum Schutz von Mooren und Moorböden

Die Bedeutung von Mooren für den Artenschutz ist unbestritten. Die Auswirkungen der herkömmlichen Nutzung auf die Moorbiotope und Moorböden sind bekannt. Das gilt gleichermaßen für die Treibhausgasemissionen der Flächen wie für die Auswirkungen auf den Wasser- und Nährstoffhaushalt eines Gebietes. Zwar werden weitgehend intakte Moore vergleichsweise konsequent geschützt, das trifft aber keineswegs für die Mehrheit der organischen Böden zu, die land- und forstwirtschaftlich oder für andere Zwecke genutzt werden. Dass der Schutz von Moorböden noch nicht viel weiter fortgeschritten ist, legt nahe, dass die rechtlichen Vorgaben nicht ausreichen oder dass vorhandene Regelungen nicht konsequent umgesetzt bzw. ihre Einhaltung nicht genügend überprüft wird.

Das BNatSchG entfaltet seine Wirkung vor allem beim Schutz intakter, noch wachsender Moore und bei der Ausweisung neuer Schutzgebiete. So stehen die intakten Moore nach § 30 BNatSchG als besonders geschützte Biotope unter Schutz und werden grundsätzlich nicht landwirtschaftlich genutzt.[290] Sie machen allerdings nur einen Bruchteil der organischen Böden in Deutschland aus (vgl. Tabelle 6). Das BNatSchG verlangt zwar auch, dass landwirtschaftliche Nutzung standortangepasst erfolgen muss und dass die nachhaltige Bodenfruchtbarkeit und langfristige Nutzbarkeit der Flächen gewährleistet wird.[291] Es bleibt in diesem Bereich aber unbestimmt und vage.

Um deutlich mehr Flächen mit organischen Böden vor weiterer Degradation zu schützen, ist es offenbar notwendig, diese und andere Rechtsvorgaben konsequenter zugunsten des Schutzes organischer Böden auszulegen und anzuwenden. So besteht beispielsweise seit dem Inkrafttreten des Bundesbodenschutzgesetzes vor über 20 Jahren die gesetzliche Verpflichtung, die vielfältigen Funktionen des Bodens zu sichern oder wiederherzustellen. Im Falle einer Nutzung müssen negative Auswirkungen laut Gesetz so gut wie möglich vermieden werden. Jeder Nutzer ist verpflichtet, schädliche Bodenveränderungen gar nicht erst entstehen zu lassen. Für die landwirtschaftliche

290 Wissenschaftlicher Beirat Agrarpolitik, Ernährung und gesundheitlicher Verbraucherschutz und Wissenschaftlicher Beirat Waldpolitik, 2016, S. 330.

291 §5 Abs. BNatSchG.

Bodennutzung wird ausdrücklich festgeschrieben, dass die Vorsorgepflicht zum Schutz des Bodens nur erfüllt ist, wenn die im Gesetz aufgeführten Regeln der guten fachlichen Praxis befolgt werden. Die Praxis bei der Nutzung organischer Böden weicht dennoch offensichtlich davon ab.

Auszug aus dem Bundesbodenschutzgesetz

§ 1: Zweck und Grundsätze des Gesetzes

Zweck dieses Gesetzes ist es, nachhaltig die Funktionen des Bodens zu sichern oder wiederherzustellen. Hierzu sind schädliche Bodenveränderungen abzuwehren, der Boden und Altlasten sowie hierdurch verursachte Gewässerverunreinigungen zu sanieren und Vorsorge gegen nachteilige Einwirkungen auf den Boden zu treffen. Bei Einwirkungen auf den Boden sollen Beeinträchtigungen seiner natürlichen Funktionen sowie seiner Funktion als Archiv der Natur- und Kulturgeschichte so weit wie möglich vermieden werden.

(...)

§ 4: Pflichten zur Gefahrenabwehr

(1) Jeder, der auf den Boden einwirkt, hat sich so zu verhalten, dass schädliche Bodenveränderungen nicht hervorgerufen werden.

(...)

§ 17: Gute fachliche Praxis in der Landwirtschaft

(...)

(2) Grundsätze der guten fachlichen Praxis der landwirtschaftlichen Bodennutzung sind die nachhaltige Sicherung der Bodenfruchtbarkeit und Leistungsfähigkeit des Bodens als natürlicher Ressource. Zu den Grundsätzen der guten fachlichen Praxis gehört insbesondere, dass

1. die Bodenbearbeitung (...) grundsätzlich standortangepasst zu erfolgen hat,
2. die Bodenstruktur erhalten oder verbessert wird,
3. Bodenverdichtungen, insbesondere durch Berücksichtigung der Bodenart, Bodenfeuchtigkeit und des von den zur landwirtschaftlichen Boden-

nutzung eingesetzten Geräten verursachten Bodendrucks, so weit wie möglich vermieden werden,

4. Bodenabträge durch eine standortangepasste Nutzung, insbesondere durch Berücksichtigung der Hangneigung, der Wasser- und Windverhältnisse sowie der Bodenbedeckung, möglichst vermieden werden,
5. (...)
6. die biologische Aktivität des Bodens durch entsprechende Fruchtfolgegestaltung erhalten oder gefördert wird und
7. der standorttypische Humusgehalt des Bodens, insbesondere durch eine ausreichende Zufuhr an organischer Substanz oder durch Reduzierung der Bearbeitungsintensität erhalten wird.

(...)

Hinzu kommt die EU-Wasserrahmenrichtlinie (Richtlinie 2000/60/EG), die einen guten ökologischen und chemischen Zustand aller Gewässer einschließlich des Grundwassers in Europa fordert. Dabei muss auch auf den Erhalt grundwasserabhängiger Landökosysteme, wie es die Moore sind, geachtet werden.[292] Die Wasserrahmenrichtlinie wird in Deutschland vor allem durch das Wasserhaushaltsgesetz umgesetzt und beeinflusst auch das Düngerecht. Ob sich Schutzmaßnahmen aus dem Wasserhaushaltsgesetz auf Moorgebiete ausdehnen ließen, müsste diskutiert werden. Das Wasserrecht spielt insbesondere bei der Planung und Durchführung von Wiedervernässungsprojekten eine zentrale Rolle, soll hier aber – wie das Fach- und Bauplanungsrecht – den Experten vorbehalten bleiben.

Eindeutig ist immerhin, dass der Erhalt der organischen Substanz in Böden zu den Standards für die Erhaltung von Flächen in gutem landwirtschaftlichem und ökologischem Zustand, kurz GLÖZ, zählt. Außerdem ist offenbar geplant, für die neue Förderperiode der Gemeinsamen Agrarpolitik der EU (GAP) einen GLÖZ-Standard für einen angemessenen Schutz von Feuchtgebieten und Torfflächen einzuführen.[293] Wird gegen diese Standards

292 Ministerium für Landwirtschaft, Umwelt und Verbraucherschutz Mecklenburg-Vorpommern, 2009, S. 38.

293 Bundesministerium für Umwelt, Naturschutz und nukleare Sicherheit, 2019, S. 133.

verstoßen, dann kann es zu Abzügen bei den EU-Fördermitteln für die Landwirte kommen. Ob vor diesem Hintergrund beispielsweise die besonders torfzehrende ackerbauliche Nutzung von Moorstandorten zulässig ist bzw. bleibt, wird man zumindest infrage stellen dürfen.

Bereits im Jahr 2012 hatten sich die obersten Naturschutzbehörden der Länder darauf verständigt, was zur guten fachlichen Praxis bei der Bewirtschaftung von Moorstandorten zählt. Zur guten fachlichen Praxis gehört demnach u. a., dass der Wasserstand genutzter Moorflächen im Winter maximal 30 cm und im Sommer maximal 60 cm unter Flur liegen darf. Außerdem darf nach dieser Einschätzung der Behörden keine ackerbauliche Nutzung von Moorstandorten stattfinden.[294, 295] Trotzdem werden in Deutschland ca. 380.000 ha Moor- und mooränhliche Böden als Acker genutzt.[296] Es ist nicht anzunehmen, dass es deshalb bereits zur Kürzung von Agrarfördermitteln gekommen ist. Darüber hinaus kann man hinterfragen, ob diese von den Landesnaturschutzbehörden formulierte gute fachliche Praxis überhaupt ausreicht, um den Zielen des BBodSchG zu genügen.

Schutzprogramme für Moorböden in Deutschland

Um ihr Klimaschutzziel für das Jahr 2030 zu erreichen und dafür zu sorgen, dass bis zu diesem Zeitpunkt in Deutschland mindestens 55 % weniger Treibhausgase freigesetzt werden, hat die Bundesregierung angekündigt, eine Bund-Länder-Vereinbarung zum Moorschutz und eine Strategie zum Erhalt von Moorböden zu erarbeiten und umzusetzen. Im Klimaschutzplan 2050 heißt es im Weiteren allerdings nur, dass bis zum Jahr 2030 erste Fortschritte erzielt sein müssen, um der starken Emission der organischen Böden auf trockengelegten Moorstandorten entgegenzuwirken.[297] Durch die geplante Vereinbarung sollen bestehende Moorflächen geschützt und Anreize für Investitionen in ein moorbodenschonendes Wassermanagement geschaffen werden. Gleichzeitig wolle die Bundesregierung Möglichkeiten einer verläss-

294 Landesamt für Landwirtschaft, Umwelt und ländliche Räume Schleswig-Holstein, 2012, S. 25.

295 Jensen et al., 2012, S. 88.

296 Umweltbundesamt, 2019a, S. 541.

297 Bundesministerium für Umwelt, Naturschutz, Bau und Reaktorsicherheit, 2016, S. 7 f., 68.

lichen und dauerhaften Förderung von Paludikulturen prüfen.[298] Der Klimaschutzplan der Bundesregierung verdeutlicht insofern, dass die Dringlichkeit von Moorschutz als Klimaschutzmaßnahme offenbar noch nicht verstanden wurde.

Eine Beteiligung des Bundes bei Moorschutzprojekten findet dennoch statt, hat aber bisher – zumindest als Begründung – vor allem den Biotop- und Artenschutz zum Ziel. So wurden und werden durch das seit 1979 bestehende Förderprogramm »chance.natur – Bundesförderung Naturschutz« auch Naturschutzgroßprojekte mit Moorschwerpunkt (Murnauer Moos, Peenetal, Allgäuer Moorallianz) gefördert.[299] Eine Förderung von Projekten mit Moorschutzaspekten im Rahmen des »Bundesprogramms Biologische Vielfalt« ist ebenfalls möglich und hat bereits stattgefunden.[300]

Die Bundesländer in Deutschland, vor allem die moorreichen, sind sich offenbar der Bedeutung des Moorbodenschutzes als Klimaschutzmaßnahme bewusster. Das bedeutet aber nicht, dass auch nur annähernd so viele Flächen wiedervernässt werden, wie für die angestrebte Klimaneutralität im Jahr 2050 notwendig wären. Im Folgenden werden die Situation und die Moorschutzprogramme der moorreichen Länder angesprochen. Auch in anderen Bundesländern existieren klimarelevante Moorflächen, die aber noch nicht Gegenstand spezieller Moorschutzprogramme sind.

Niedersachsen

Das Land Niedersachen hat ohne Zweifel eine besondere Bedeutung für den Moorschutz in Deutschland. Etwa ein Drittel der deutschen Moorgebiete liegt in Niedersachsen. Das umfasst je nach Datengrundlage zwei Drittel bis fast drei Viertel der Hochmoore und 18 bis 19 % der Niedermoore Deutschlands. Ungefähr 8 % der Fläche Niedersachsens sind von Mooren bedeckt. Alle organischen Böden zusammen machen 11 % der Landesfläche aus. Jährlich entweichen aus den niedersächsischen Moor- und anderen organischen Böden 12,3 Mio. t CO_2-Äq. Das entspricht rund 12 % der gesamten Treibhausgasemissionen Niedersachsens.[301]

298 Bundesministerium für Umwelt, Naturschutz, Bau und Reaktorsicherheit, 2016, S. 71.

299 https://www.bfn.de/foerderung/naturschutzgrossprojekt.html, aufgerufen am 04.03.2020.

300 Bundesamt für Naturschutz, 2016, S. 11.

301 Niedersächsisches Ministerium für Umwelt, Energie und Klimaschutz, 2016, S. 8, 33.

Mit dem Programm »Niedersächsische Moorlandschaften« aus dem Jahr 2016 wird das niedersächsische Moorschutzprogramm von 1981/86 fortgesetzt und ergänzt. Seit über 30 Jahren werden in Niedersachsen Maßnahmen zur Sicherung, Wiedervernässung und Renaturierung von Hochmoorlebensräumen umgesetzt. 2016 wurden die Niedermoore und andere Flächen mit organischen Böden in das Schutzprogramm aufgenommen, sodass es inzwischen über 500.000 ha einschließt.

Das Programm steckt vor allem den Rahmen für Projekte ab, die auf regionaler Ebene von den unterschiedlichsten Projektträgern geplant und durchgeführt werden sollen. Deshalb werden durch die Landesregierung vorrangig Daten, Fachinformationen und Beratungsmöglichkeiten zur Verfügung gestellt und die Förderinstrumente an den Moorbodenschutz angepasst.

Bereits das Moorschutzprogramm von 1981/86 hat den Torfabbau in Niedersachsen neu geregelt, allerdings nicht vollständig gestoppt. Torfgewinnung für den Gartenbau findet in Niedersachsen auch heute noch statt, und es werden sogar neue Genehmigungen erteilt. Diese Genehmigungen betreffen laut zuständigem Fachministerium jedoch nur Bereiche, die keine besondere Bedeutung für den Naturschutz haben.[302]

Mecklenburg-Vorpommern

In Mecklenburg-Vorpommern werden ca. 290.000 ha oder 12,5 % der Landesfläche von Mooren und anderen kohlenstoffreichen Böden bedeckt. 38.400 ha davon gelten als Kohlenstoffsenken. Die übrigen Flächen mit organischen Böden emittieren jährlich 6,2 Mio. t CO_2-Äq.[303, 304, 305]

Das erste Moorschutzprogramm in Mecklenburg-Vorpommern wurde im Jahr 2000 erstellt. Von 2006 bis 2009 wurde es überarbeitet und aktualisiert. Vor allem bei der Nutzung von Moorflächen sollten zwei Aspekte miteinander verbunden werden: einerseits die Emissionsminderung, die durch das Anheben der Moorwasserstände erreicht werden kann, und andererseits die

302 Niedersächsisches Ministerium für Umwelt, Energie und Klimaschutz, S. 12.

303 Ministerium für Landwirtschaft und Umwelt Mecklenburg-Vorpommern, 2017, S. 8.

304 Greifswald Moor Centrum, 2019, S. 1.

305 Ministerium für Landwirtschaft, Umwelt und Verbraucherschutz Mecklenburg-Vorpommern, 2009, S. 27 ff.

Abbildung 25
Moor- und Auenlandschaft Peenetal

Erzeugung von Biomasse, die u. a. den Ersatz fossiler Energieträger ermöglichen soll.[306]

Das Moorschutzprogramm von Mecklenburg-Vorpommern orientierte sich zunächst an den folgenden vier Schwerpunkten:

- absoluter Schutz der verbliebenen Restflächen naturnaher Moore,
- Pflegenutzung der verbliebenen Restflächen mit artenreichen Feuchtwiesen,
- Wiedervernässung tief entwässerter Moore,
- generell extensivere Nutzung von Mooren bei höheren Wasserständen.

306 Ministerium für Landwirtschaft, Umwelt und Verbraucherschutz Mecklenburg-Vorpommern, 2009, S. 9.

Mit der Fortschreibung des Programms kamen weitere Aspekte dazu:

- intakte Moore als Kohlenstoff- und Nährstoffsenken sowie als bedeutende Quellen der Biodiversität,
- ausgleichende Wirkung intakter Moore im Landschaftswasserhaushalt,
- Perspektiven der Moornutzung – (alternative) Nutzungen bei hohen Wasserständen auf wiedervernässten Standorten,
- Flächenpotenzial für die Gewinnung von Energie aus Biomasse,
- Moor als Erlebnisraum.

Seit 1990 wurden auf insgesamt 26.259 ha Maßnahmen zur Renaturierung oder zur Verbesserung der hydrologischen Situation in Mooren umgesetzt.[307]

Das Moorschutzkonzept von Mecklenburg-Vorpommern unterstreicht ausdrücklich die Bedeutung der naturschutzgerechten Grünlandnutzung auf Moorstandorten bei hohen Grundwasserständen und die Notwendigkeit, stärker auf landwirtschaftliche Paludikulturen zu setzen. Besondere Aufmerksamkeit erfahren in Mecklenburg-Vorpommern darüber hinaus die Gewinnung von Holz auf nassen Standorten und die künftige Entwicklung von Waldmooren.[308, 309]

Für die finanzielle Förderung konkreter Projekte wurden mehrere Programme, wie beispielsweise die »Förderrichtlinie für Gewässer und Feuchtlebensräume«, beschlossen, die im Dienstleistungsportal des Landes unter dem Stichwort Förderfibel[310] abgerufen werden können.

Brandenburg

In Brandenburg gibt es derzeit ca. 263.000 ha organische Böden. Das sind etwas mehr als knapp 9 % der Landesfläche. Etwa 21.000 ha Moorfläche sind nur gering entwässert. Ungefähr 7.000 ha Moorflächen in Brandenburg können Torf bilden; davon sind 2.000 bis 3.000 ha ungestörte Moore, 4.000 ha wurden renaturiert. Weitere renaturierte Flächen mit organischen

307 Antwortschreiben des Landesamtes für Umwelt und Natur Mecklenburg-Vorpommern vom 05.02.2020.

308 Ministerium für Landwirtschaft, Umwelt und Verbraucherschutz Mecklenburg-Vorpommern, 2009, S. 56 ff., 61 ff.

309 Ministerium für Landwirtschaft und Umwelt Mecklenburg-Vorpommern, 2017, S. 25 ff.

310 https://www.service.m-v.de/foerderfibel/, aufgerufen am 22.12.2019.

Böden bleiben im Sommer nicht ausreichend nass, um torfbildend zu sein.[311, 312]

Für den Moorschutz in Brandenburg wurde 2006 ein Rahmenplan erstellt. Darin werden diejenigen Moortypen benannt, für deren Schutz Brandenburg eine besondere Verantwortung übernimmt und Geld aus einem Landesfonds bzw. der Walderhaltungsabgabe bereitstellt. Der Rahmenplan enthält eine konkrete Auflistung der verschiedenen Moorgebiete und schließt eine Bewertung ihres Schutzbedarfs und der Chancen für eine Revitalisierung ein. Dabei werden auch das örtliche Wasserangebot und die Konkurrenz um die Flächen berücksichtigt.

Ein weiteres Element des Moorschutzes in Brandenburg ist die Moorschutzrichtlinie aus dem Jahr 2019. Nach dieser Richtlinie werden EU-Mittel für Maßnahmen zum Erhalt und zur Wiederherstellung naturnaher Moorflächen vergeben. Dazu zählen u. a. Grabenverfüllungen und der Bau von Stauanlagen, aber auch die Entfernung von Gehölzen und Biomasse aus Moorflächen. Das zweite Ziel dieser Richtlinie ist, die Entwicklung und Anschaffung von Technik zu fördern, die für die Bewirtschaftung von Grünland auf Moor- und Anmoorböden mit hohem Wasserstand geeignet ist. Die Wirkung der eingesetzten Technik auf Moorböden und damit die Effekte für das Klima sollen wissenschaftlich erfasst und das Wissen für weitere Anwendungen zugänglich gemacht werden.[313]

Schleswig-Holstein

Nachdem 2002 in Schleswig-Holstein zunächst ein Programm zum Schutz von Niedermooren etabliert wurde, existiert seit 2011 ein Moorschutzprogramm, das alle Moorflächen (161.000 ha[314]) und Moorbiotope des Landes (zusammen 192.000 ha) einschließt. Damit werden 12 % der Landesfläche vom Moorschutzprogramm erfasst. Allerdings können nur 17.500 ha der Flächen als torfbildende naturnahe Hochmoore, Übergangsmoore, Röhrichte, Moorwälder u. Ä. eingestuft werden. Nach Schätzungen der Landesbehörden emittieren die Moorstandorte in Schleswig-Holstein jährlich ca. 2,3 Mio. t

311 Landesumweltamt Brandenburg, 2006, S. 2.

312 Antwortschreiben des Landesamtes für Umwelt Brandenburg vom 10.02.2020.

313 https://lfu.brandenburg.de/cms/detail.php/bb1.c.427149.de, aufgerufen am 09.12.2019.

314 Landesamt für Landwirtschaft, Umwelt und ländliche Räume des Landes Schleswig-Holstein, 2016, S. 16.

CO_2-Äq. Das entspricht etwa 9 % der gesamten Freisetzung von Treibhausgasen im Land.[315]

Das Moorschutzprogramm des Landes umfasst die Teilprogramme »Biologische Vielfalt« und »Gewässerschutz«. Zur Finanzierung des Programmteils »Biologische Vielfalt« wurde ein Moorschutzfonds bei der Stiftung Naturschutz Schleswig-Holstein eingerichtet; außerdem werden Mittel aus dem »Zukunftsprogramm für den ländlichen Raum« eingesetzt. Der Programmteil »Gewässerschutz« nutzt Geld aus der Abwasserabgabe, dem Landes- bzw. Bundeshaushalt und von der EU. Neben der Stiftung Naturschutz, die die meisten Projekte betreut, sind Wasser- und Bodenverbände, Kreise und Kommunen oder private Stiftungen Träger von Moorschutzmaßnahmen.

Bayern

Auf Bayern entfallen mit 219.500 ha 12 % der Moorflächen in Deutschland. Moore bedecken rund 3 % der bayerischen Landesfläche. Zu Beginn des 20. Jahrhunderts waren 30 % der bayerischen Moorflächen Hoch- und Übergangsmoore, während der weitaus größere Teil als Nieder- und Anmoorböden eingestuft wurde. Gerade der Niedermooranteil mit meist intensiver landwirtschaftlicher Nutzung und tief greifender Entwässerung stellt eine besondere Herausforderung bei der Extensivierung dar.[316] Durch die Renaturierung von Moorflächen könnten in Bayern Emissionen von ca. 5 Mio. t CO_2-Äq. pro Jahr eingespart werden. Das Land stellt zwar Geld für die Renaturierung zur Verfügung, hat sich aber nicht auf konkrete Flächenanteile oder Zeiträume bei der Renaturierung von Moorflächen festgelegt.[317] Seit dem Start des Klimaschutzprogramms KLIP im Jahr 2008 wurden 760 ha Hoch- bzw. Übergangsmoor und 240 ha Niedermoor renaturiert; 830 ha davon wurden klimawirksam vernässt.[318] Als beispielhaft für die Wiedervernässung von Mooräckern in bayerischen Niedermooren können Flächen im Donaumoos im Landkreis Neuburg-Schrobenhausen betrachtet werden, die zu dem Forschungsvorhaben MOORuse gehören.[319, 320]

315 Schleswig-Holsteinischer Landtag, 2011, S. 9, 11.

316 Bayerisches Landesamt für Umwelt, 2013, S. 4.

317 Bayerische Staatsregierung, 2015, S. 10 f.

318 Antwortschreiben des Bayerischen Landesamtes für Umwelt vom 12.02.2020.

319 https://www.neuburg-schrobenhausen.de/Donaumoos.o1362.html, aufgerufen am 17.05.2020.

320 https://www.donaumoos-zweckverband.de/mooruse5cd41345, aufgerufen am 17.05.2020.

Ein aktuelles Naturschutzgroßvorhaben in Bayern ist die »Allgäuer Moorallianz« mit einer Fläche von 13.811 ha. Vorrangiges Ziel des Projektes sind der dauerhafte Erhalt der hydrologisch intakten Moore und die Renaturierung degradierter Moorflächen in der Region des voralpinen Hügel- und Moorlands in den Landkreisen Ostallgäu und Oberallgäu. Daneben sollen nährstoffarme Feucht- und Nasswiesen im Moorumfeld erhalten bzw. entwickelt und Nährstoffeinträge in die Moore vermindert werden. Das Vorhaben wird vom Bund, vom Freistaat Bayern und vom Zweckverband »Allgäuer Moorallianz« mit ca. 10 Mio. Euro gefördert.[321]

Baden-Württemberg

Obwohl Moor- und mooraähnliche Böden mit knapp 1,3 % einen relativ kleinen Anteil der Landesfläche einnehmen, hat Baden-Württemberg 2015 ein eigenes Moorschutzprogramm erstellt.[322] Das Ziel ist, bis 2020 die Wiedervernässung von 50 % der Hochmoor- und 10 % der Niedermoorflächen einzuleiten. Außerdem soll bei weiteren 20 % der Niedermoore eine mooraangepasste Nutzung erreicht werden.[323] Gemeinsam mit Bayern soll darüber hinaus ein Handbuch Moorschutz erarbeitet werden. Seit 2015 wurden auf knapp 500 ha Moorflächen Renaturierungsmaßnahmen durchgeführt. Für rund 14.000 ha wurden im selben Zeitraum Untersuchungen und Planungen erstellt.[324] Der Torfabbau für den Gartenbau wurde in Baden-Württemberg bereits 1995 beendet.[325]

Kommunen

Ohne Zweifel kommt den Gemeinden, Städten und Landkreisen eine bedeutende Rolle beim Moorbodenschutz zu. Sie verfügen über die Ortskenntnis nicht nur im Hinblick auf die bodenkundlichen Gegebenheiten und die Nutzungsgeschichte von Moorarealen, sondern kennen auch die Bedürfnisse bisheriger Nutzer. Die Kommunen sind ein unverzichtbarer Partner bei

321 https://www.bfn.de/foerderung/naturschutzgrossprojekt/liste-laufender-vorhaben/ngp-lfd-biotopschutz-steckbriefe/allgaeuer-moorallianz.html, aufgerufen am 07.03.2020.

322 Ministerium für Umwelt, Klima und Energiewirtschaft Baden-Württemberg und LUBW Landesanstalt für Umwelt, Messungen und Naturschutz Baden-Württemberg, 2017, S. 20.

323 Ministerium für Ländlichen Raum und Verbraucherschutz Baden-Württemberg, 2014, S. 71.

324 Landtag v. Baden-Württemberg, 2019, S. 4.

325 Ministerium für Ländlichen Raum und Verbraucherschutz Baden-Württemberg, 2014, S. 70.

Abbildung 26
Inhaltsstoffe von Blumenerden

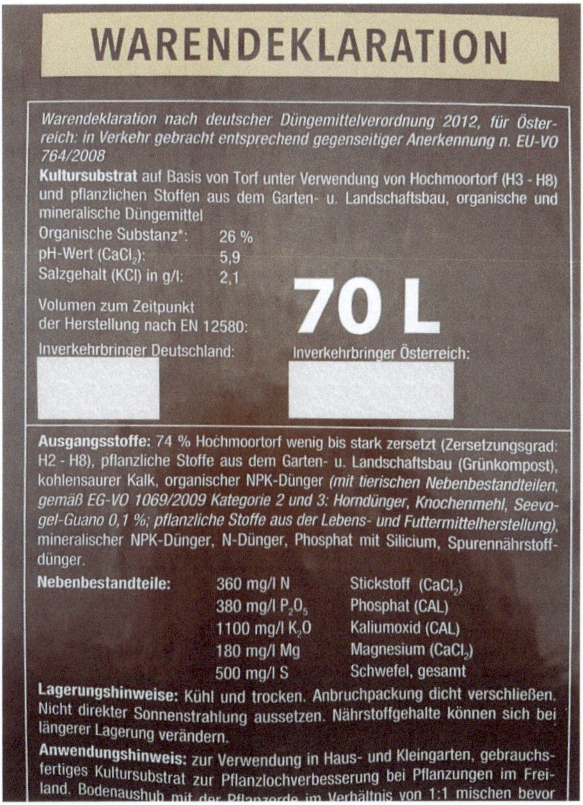

Moorschutzprojekten. Häufig treten sie sowohl als Projektträger wie auch als Projektförderer auf. Zweckverbände für die Projektdurchführung werden oft von Landratsämtern koordiniert und geleitet.

Neben der Beteiligung an Naturschutzgroßprojekten können Kommunen bei der Landschaftsrahmenplanung oder bei Flächennutzungsplänen Akzente zum Schutz organischer Böden setzen. Außerdem können sie sich beispielsweise aktiv für den Ersatz fossiler Brennstoffe durch Biomasse aus Paludikulturen einsetzen, sei es in kommunalen Heizkraftwerken oder bei der Abnahme von Energie aus entsprechenden Anlagen. Eine weitere Möglichkeit für kommunale Moorschutzaktivitäten ist der Verzicht auf die Verwendung von torfhaltigen Produkten in kommunalen Parks oder bei anderen kommunalen Anpflanzungen und die Sensibilisierung von Bürgerinnen und Bürger für dieses Thema. Solche Moorschutzmaßnahmen bieten sich auch für alle Kommunen an, die selbst keine Moorflächen haben.

Verbände, Vereine, Stiftungen

Ohne Nichtregierungsorganisationen wie die großen Naturschutzverbände, regionale oder lokale Vereine und Initiativen bzw. diverse Stiftungen wären die Planung und Durchführung von Moorschutzprojekten undenkbar. Viele dieser Organisationen übernehmen beim Moorschutz eine Doppelrolle ähnlich wie die Kommunen. Sie sind einerseits Projektträger, indem sie die Konzeption, Durchführung und langfristige Betreuung selbst sehr großer Moorschutzprojekte übernehmen. Andererseits wirken sie als Projektförderer, indem sie aus Spendengeldern Renaturierungsmaßnahmen mitfinanzieren.

Herausragende Beispiele für die Beteiligung von Verbänden wie dem Bund für Umwelt und Naturschutz Deutschland e. V. (BUND) oder dem Naturschutzbund Deutschland e. V. (NABU) sind Projekte wie in der Diepholzer Moorniederung einschließlich dem dortigen Europäischen Fachzentrum Moor und Klima[326] oder die Renaturierung von Mooren am Ewigen Meer bei Aurich[327] und viele andere Vorhaben.

Auch stärker regional ausgerichtete Vereine, wie z. B. der Schwäbische Heimatbund e. V. oder der Förderverein »Naturschutz im Peenetal« e. V., und ansässige Gruppen der Naturschutzverbände können erheblich zum Gelingen von Moorschutzprojekten beitragen, indem sie Teil projekttragender Zweckverbände oder Stiftungen werden, Flächen erwerben und sich an der jahrzehntelangen Betreuung von Projektflächen beteiligen.[328]

Eine wichtige Aufgabe, die neben den Kommunen besonders den Naturschutzverbänden mit breiter Mitgliederbasis zukommt, ist die Einbindung von Bürgerinnen und Bürgern in die Moorschutzprojekte. Das kann in Form von Spendenaufrufen oder Mitmachkampagnen, aber auch in der konkreten

326 https://www.moorwelten.de/ueber/, aufgerufen am 08.03.2020.

327 https://niedersachsen.nabu.de/natur-und-landschaft/moor/25083.html, aufgerufen am 08.03.2020.

328 http://schwaebischer-heimatbund.de/naturschutzzentrum/das_ried.html, aufgerufen am 08.03.2020.

Mitarbeit bei Renaturierungsmaßnahmen und bei der Pflege von Flächen geschehen.

Das Engagement von Ländern, Kommunen und Verbänden wird schließlich durch Einrichtungen wie die Deutsche Bundesstiftung Umwelt (DBU) finanziell und fachlich ergänzt. So hat die DBU beispielsweise Moorflächen in Mecklenburg-Vorpommern aufgekauft,[329] Renaturierungsmaßnahmen in einem grenzüberschreitenden Moorprojekt im Erzgebirge unterstützt,[330] sich an Versuchen zum Rohrkolbenanbau und an einem Verbundprojekt zur Erlennutzung auf nassen Flächen beteiligt.[331]

329 https://www.dbu.de/index.php?menuecms=2697&id=49, aufgerufen am 08.03.2020.

330 https://www.dbu.de/123artikel34016rss.html, aufgerufen am 08.03.2020.

331 https://www.dbu.de/projekt_19599/01_db_2848.html, aufgerufen am 08.03.2020.

Förderung und Finanzierung von Moorbodenschutz

Sowohl die Wiedervernässung und Renaturierung von Moorflächen als auch die extensivere Nutzung organischer Böden nach der Anhebung des Wasserstandes verursachen Kosten. Dabei werden keineswegs nur Mittel für den Kauf von Flächen benötigt. Ein mindestens ebenso dringlicher Förder- und Finanzierungsbedarf besteht für Ausfälle bei den herkömmlichen Erträgen, für Maschinen, die auf nassem Untergrund eingesetzt werden können, für Veränderungen beim Wassermanagement, für die Projektplanung, für Landschaftspflegemaßnahmen und vieles mehr.

Der Aufkauf von Flächen durch die öffentliche Hand oder durch Verbände ist zwar eine erprobte Möglichkeit, organische Böden für Schutzmaßnahmen zu sichern. Diese Vorgehensweise erfordert aber sehr viel Geld der Projektbeteiligten zum Zeitpunkt des Erwerbs und die Bereitschaft von Eigentümern, ihre Flächen endgültig abzugeben. Deshalb sollten diejenigen Finanzierungsmöglichkeiten ausgeweitet werden, die die Kosten für Moorschutzmaßnahmen auf längere Zeiträume und auf eine größere Zahl von Geldgebern verteilen. Es muss ein attraktiver und langfristiger finanzieller Anreiz für die Eigentümer und Nutzer von organischen Böden entstehen, damit sie der Wiedervernässung ihrer Flächen zustimmen und die herkömmliche land- oder forstwirtschaftliche Nutzung aufgeben. Nur so wird es gelingen, ausreichend viele Flächen bereitgestellt zu bekommen, um das Klimaschutzpotenzial organischer Böden stärker auszuschöpfen.

Bisher wird zur Finanzierung von Moorschutzprojekten vor allem auf Naturschutzmittel von Ländern, Bund und EU bzw. auf die Fördermöglichkeiten im Rahmen von sogenannten Agrarumwelt- und Klimamaßnahmen (AUKM) zurückgegriffen. Diese erprobten Möglichkeiten zur Finanzierung sollen hier nur kurz erwähnt werden. Vorgestellt werden sollen vor allem zusätzliche, nicht allgemein bekannte Wege zur Finanzierung von Moorschutz, die teilweise auch die Bürgerinnen und Bürger stärker mit dem Thema konfrontieren würden und in die Finanzierung einbinden könnten. Erstrebenswert wäre ohnehin, deutlich mehr Geld verfügbar zu machen und dafür stärker auf Finanzierungsmöglichkeiten und Mechanismen zurückzugreifen, die speziell den Klimaschutz zum Ziel haben und zunächst für den Energiesektor entwickelt wurden.

Es erscheint nicht zwingend notwendig, neue Finanzierungsinstrumente zu entwickeln. Allerdings sollten die vorhandenen – sowohl im Agrarsektor wie auch in anderen Bereichen – konsequent erweitert und an das Thema Moorschutz angepasst werden.

Möglichkeiten im Rahmen der Gemeinsamen Agrarpolitik der EU

Erste Säule: Direktzahlungen

Der überwiegende Anteil der organischen Böden in Deutschland wird landwirtschaftlich genutzt. Für diese Flächen erhalten Landwirte von der EU Direktzahlungen in Form einer Flächenprämie, die voraussichtlich auch in der kommenden Förderperiode der Gemeinsamen Agrarpolitik der EU (GAP) ab 2021 erhalten bleiben wird. Die Flächenprämie beträgt zurzeit ca. 260 Euro pro Hektar und kann durch Zusatzzahlungen, z. B. für Junglandwirte oder benachteiligte Standorte, auch höher ausfallen.[332]

Um die Kosten beim Klimaschutz in der Landwirtschaft nicht unnötig auf andere Geldquellen und Fördertöpfe zu verschieben, sollte dafür gesorgt werden, dass die Flächenprämie nach einer Wiedervernässung für alle Flächen erhalten bleibt, die zuvor in der herkömmlichen Weise landwirtschaftlich genutzt wurden. Eine Auszahlung der Flächenprämie sollte auch dann stattfinden können, wenn keine übliche landwirtschaftliche Nutzung auf den vernässten Flächen erfolgt, also beispielsweise nur noch Pflegemaßnahmen durchgeführt oder Produkte erzeugt werden, für die bislang keine Direktzahlungen bezogen werden können wie z. B. Schilf, Rohrkolben oder Torf-

332 https://foerderung.landwirtschaft-bw.de/pb/MLR.Foerderung,Lde/Startseite/Foerderwegweiser/Betriebspraemie, aufgerufen am 10.03.2020.

moose.[333] Der Katalog förderfähiger Kulturen sollte deshalb zumindest um die Pflanzen erweitert werden, die zur Rohstoffgewinnung auf nassen Standorten geeignet sind, oder einen Sammelbegriff »Paludikulturen« enthalten, der den Bezug der Flächenprämie ermöglicht. So könnte die Etablierung von Paludikulturen als rentable Alternative zur bisherigen Nutzung unterstützt werden.[334]

Als Begründung für eine solche Ausweitung der Direktzahlungen auf neue Kulturen oder für die Fortsetzung der Zahlungen trotz Nutzungsaufgabe könnte angeführt werden, dass durch die Wiedervernässung der Flächen ein erheblicher Beitrag zu den verpflichtenden Treibhausgaseinsparungen der Agrarbranche erbracht wird. Durch die Flächenprämie ließe sich rechtfertigen, dass die vernässten Flächen und ihr günstiger Effekt auf die Klimabilanz weiterhin dieser Branche zugerechnet werden.

Zweite Säule: Ländliche Entwicklung und Agrarumweltmaßnahmen

Für den Moorbodenschutz spielen zurzeit die Förderinstrumente der sogenannten zweiten Säule der GAP die bedeutendere Rolle. Die Fördermittel aus der zweiten Säule sollen der ländlichen Entwicklung dienen oder stellen Agrarumwelt- und Klimamaßnahmen dar. Die Mittel werden in Deutschland im Rahmen länderspezifischer Programme mit unterschiedlichen Schwerpunkten und Förderkriterien vergeben. Viele Maßnahmen wie die Extensivierung der Flächennutzung, aber auch die Pflege von Biotopen oder die Anschaffung von Maschinen zur Landschaftspflege werden auf der Grundlage von Landschaftspflegerichtlinien oder Landschaftsprogrammen der Länder bewilligt und bezahlt. An solchen Programmen nehmen auch zahlreiche Landwirte teil.

Eine Voraussetzung für die Finanzierung von Projekten mit Geld aus der zweiten Säule ist, dass die EU-Mittel durch Geld der Bundesregierung und der Länder – in manchen Fällen auch durch Mittel der Kommunen – ergänzt, d. h. kofinanziert werden. Diese Kofinanzierung findet u. a. im Rahmen der

333 https://foerderung.landwirtschaft-bw.de/pb/site/pbs-bw-new/get/documents/MLR.LEL/PB5Documents/fiona/2020/Merkblaetter/GA%20-%20Nutzcodeliste%202020.pdf, aufgerufen am 10.03.2020.

334 Ministerium für Landwirtschaft, Umwelt und Verbraucherschutz Mecklenburg-Vorpommern, 2009, S. 59.

sogenannten Gemeinschaftsaufgabe »Verbesserung der Agrarstruktur und des Küstenschutzes« (GAK) statt. Für diese Gemeinschaftsaufgabe wurde im Jahr 2018 insgesamt über 1 Mrd. Euro ausgegeben. Davon entfielen auf den Bund 676 Mio. und auf die Länder 426 Mio. Euro. Rund 200 Mio. Euro wurden für die Förderung einer markt- und standortangepassten sowie umweltgerechten Landbewirtschaftung einschließlich Vertragsnaturschutz und Landschaftspflege eingesetzt.[335]

Neben den Landschaftspflegerichtlinien bzw. Landschaftsprogrammen bieten manche Länder im Rahmen der zweiten Säule zusätzliche Förderungen für spezielle Aspekte an, die dem Moorschutz dienen und sich an der regionalen Situation orientieren. So werden beispielsweise in Baden-Württemberg die extensive Nutzung wertvoller Lebensräume oder die extensive Bewirtschaftung von Dauergrünland mit geringem Tierbesatz besonders unterstützt, wovon auch Weideflächen auf Moorböden profitieren.[336] Ein anderes Beispiel ist, dass in Bayern die Umwandlung von Acker- zu Grünland auf Moorstandorten stärker gefördert wird als auf anderen Flächen,[337] auch wenn ein relevanter klimaschützender Effekt erst eintritt, wenn zugleich der Wasserstand angehoben wird.

Weiterentwicklung der GAP für den Moorbodenschutz

Für die kommende Förderperiode der GAP könnte man diskutieren, ob sich die Fördermöglichkeiten für den Moorschutz nicht übersichtlicher darstellen und gezielter ausgestalten ließen, indem man nicht nur die Fördermöglichkeiten in der ersten Säule ausweitet, sondern außerdem in der zweiten Säule eigenständige Torferhaltungsprogramme verankert. Fördermaßnahmen, die zu einer weiteren Schädigung organischer Böden führen, müssten dagegen verhindert werden.

Auf diese Weise ließe sich auch eine aktuelle Forderung des Wissenschaftlichen Beirats für Agrarpolitik, Ernährung und gesundheitlichen Verbraucherschutz zur künftigen GAP aufgreifen und in die deutsche Agrarpolitik einbeziehen. Der Vorschlag lautet, dass es künftig einen zweckgebundenen

335 Bundesministerium für Ernährung und Landwirtschaft, 2019, S. 122 ff.

336 Ministerium für Umwelt, Klima und Energiewirtschaft Baden-Württemberg und LUBW Landesanstalt für Umwelt, Messungen und Naturschutz Baden-Württemberg, 2017, S. 17.

337 https://www.stmelf.bayern.de/mam/cms01/agrarpolitik/dateien/massnahmenuebersicht_kulap.pdf, aufgerufen am 10.03.2020.

Anteil des EU-Agrarhaushaltes für den Moorbodenschutz geben sollte. Der Beirat versteht ein solches Moorschutzbudget als Pilotprojekt, das nach erfolgreicher Testphase auf andere Bereiche des Klimaschutzes ausgedehnt werden könnte. Durch die Einrichtung solcher zweckgebundenen Budgets würden Klimaschutzziele laut Beirat nicht länger mit anderen politischen Prioritäten konkurrieren und könnten dementsprechend sicherer erreicht werden. Ein zweckgebundener Budgetanteil auf EU-Ebene würde laut Beirat zu einer generellen Stärkung des Klimaschutzes, auch in der politischen und öffentlichen Wahrnehmung, führen. Der Beirat empfiehlt außerdem, einen entsprechenden Fonds auf nationaler Ebene einzurichten, der sich aus Erlösen von Emissionszertifikaten und aus Steuermitteln speisen ließe.[338]

Weitere Fördermöglichkeiten

Neben dem Europäischen Landwirtschaftsfonds für die Entwicklung des ländlichen Raums, kurz ELER, aus dem die Mittel für die zweite Säule der GAP stammen, existiert der Europäische Fonds für Regionale Entwicklung, abgekürzt EFRE. Auch aus EFRE-Mitteln können Moorschutzmaßnahmen teilweise bezahlt werden, wenn bestimmte Voraussetzungen erfüllt sind und sich neben dem Land auch Kommunen, Verbände oder Firmen beteiligen. Die Bedingungen für die finanzielle Unterstützung von Moorschutzprojekten aus EFRE-Mitteln werden z. B. in Niedersachsen durch die Richtlinie »Klimaschutz durch Moorentwicklung« festgelegt.[339, 340] Ebenfalls aus EFRE-Mitteln können grenzüberschreitende Entwicklungsprojekte im sogenannten Interreg-Programm der EU gefördert werden.[341]

Darüber hinaus gibt es das Förderprogramm »LIFE+«. Es ist ein Förderprogramm der EU zur Unterstützung von Projekten im Umwelt- und Naturschutz, das in der laufenden Förderperiode (2014–2020) über 3,4 Mrd.

338 Wissenschaftlicher Beirat für Agrarpolitik, Ernährung und gesundheitlichen Verbraucherschutz, 2019, S. 13.

339 https://www.klimaschutz-niedersachsen.de/kommunen/foerderprogramme./foerderrichtlinie-klimaschutz-durch-moorentwicklung.html, aufgerufen am 11.03.2020.

340 https://www.nbank.de/Öffentliche-Einrichtungen/Energie-Umwelt/Klimaschutz-durch-Moor entwicklung/index-2.jsp, aufgerufen am 11.03.2020.

341 Ministerium für Umwelt, Klima und Energiewirtschaft Baden-Württemberg und LUBW Landesanstalt für Umwelt, Messungen und Naturschutz Baden-Württemberg, 2017, S. 18.

Euro verfügte und EU-weit bereits für mehrere Moorschutzprojekte genutzt wurde.[342]

Neben der geschilderten GAK und den bereits erwähnten Programmen »chance.natur« für Naturschutzgroßprojekte bzw. dem Bundesprogramm »Biologische Vielfalt« gibt es weitere Fördertöpfe für Moorschutzvorhaben auf nationaler Ebene. Erwähnt sei hier nur noch der Waldklimafonds für Moorschutzprojekte in Wäldern, der nach Ansicht des Wissenschaftlichen Beirats für Agrarpolitik, Ernährung und gesundheitlichen Verbraucherschutz und laut Gutachten des Sachverständigenrates für Umweltfragen als Vorbild für einen nationalen Moorklimafonds dienen könnte.[343, 344] Der Waldklimafonds fördert Maßnahmen zum Erhalt bzw. Ausbau des CO_2-Minderungspotenzials von Wald und Holz und zur Anpassung der Wälder an den Klimawandel. Dazu gehören auch Maßnahmen zur Sicherung von Moorwäldern, wie z. B. im Nationalpark Hunsrück-Hochwald.[345, 346]

CO_2-Zertifikate: Handel mit Emissionsrechten

Beim Handel mit CO_2-Zertifikaten müssen zwei Varianten unterschieden werden: Zum einen gibt es einen gesetzlich vorgeschriebenen Handel mit Emissionsrechten für bestimmte Bereiche der Industrie und im verarbeitenden Gewerbe. Zum anderen hat sich ein freiwilliger Handel mit Zertifikaten entwickelt, der von Nichtregierungsorganisationen, Stiftungen und Einrichtungen der Länder betrieben wird.

Der Europäische Emissionshandel in Deutschland

Seit 2005 sind bestimmte, vor allem energieintensive Bereiche der Industrie und des produzierenden Gewerbes durch das Treibhausgas-Emissionshandelsgesetz (TEHG) dazu verpflichtet, am Europäischen Emissionshandel

342 https://ec.europa.eu/easme/en/life, aufgerufen am 11.03.2020.

343 Wissenschaftlicher Beirat für Agrarpolitik, Ernährung und gesundheitlichen Verbraucherschutz, 2019, S. 13.

344 Sachverständigenrat für Umweltfragen, 2012, S. 263.

345 https://www.bmu.de/themen/natur-biologische-vielfalt-arten/naturschutz-biologische-vielfalt/foerderprogramme/waldklimafonds/, aufgerufen am 11.03.2020.

346 https://www.waldklimafonds.de/foerderung/projektdatenbank/, aufgerufen am 11.03.2020.

teilzunehmen. Durch den Kauf von Zertifikaten erwerben Unternehmen die Berechtigung, bestimmte Treibhausgasmengen zu erzeugen, und bezahlen so einen Preis für ihre Emissionen. Die Zahl dieser Zertifikate, die an speziellen Börsen gehandelt werden, sinkt jährlich.

Das Ziel des Europäischen Emissionshandels ist, dass die Treibhausgasemissionen der verpflichteten Unternehmen ein EU-weit festgelegtes Maß nicht überschreiten und Emissionen vermieden werden.[347] Zurzeit kostet eine Tonne CO_2 an der European Energy Exchange in Leipzig knapp 24 Euro,[348] was weit von den Schadenskosten von 180 Euro pro Tonne[349] entfernt ist. Die Einnahmen aus der Versteigerung der Zertifikate werden zum größten Teil an die EU-Mitgliedsstaaten ausgezahlt. Kritik am Europäischen Emissionshandel betrifft vor allem die Überschüsse bzw. den niedrigen Preis der Zertifikate einschließlich des Problems, welche Kraftwerkstypen am meisten davon profitieren.[350, 351]

Die Versteigerung der CO_2-Zertifikate aus dem Europäischen Emissionshandel erbrachte im Jahr 2018 für Deutschland über 280 Mio. Euro. Die Auktionserlöse fließen in Deutschland in den Energie- und Klimafonds (EKF), ein Sondervermögen, mit dem die Bundesregierung die Energiewende unterstützt. Aus dem EKF werden u. a. Programme zur Förderung der Elektromobilität oder der Gebäudesanierung und prinzipiell auch Umweltprojekte finanziert.[352, 353] Insofern könnten auch Moorschutzprojekte unterstützt oder der erwähnte Moorklimafonds gespeist werden.

Zur Debatte über den Europäischen Emissionshandel gehört außerdem die Frage, welche Branchen zusätzlich in den Europäischen Emissionshandel einbezogen werden sollten. Zwei wissenschaftliche Beiräte der Bundesregierung empfehlen schon seit Jahren, die Land- und Forstwirtschaft zumindest teilweise in den Handel einzubeziehen. So wäre denkbar, für bestimmte

---

347 Heindl et al., 2019, S. 71, 80.

348 https://www.eex.com/de/, aufgerufen am 12.03.2020.

349 Umweltbundesamt, 2019b, S. 9.

350 Hiesinger u. Zapfel, 2019, S. 183.

351 Praetorius et al., 2019, S. 113 ff.

352 https://www.erneuerbareenergien.de/archiv/hohe-einnahmen-durch-emissionshandel-150-437-109361.html, aufgerufen am 12.03.2020.

353 https://www.bundesregierung.de/breg-de/aktuelles/mehr-geld-fuer-die-energiewende-1588494, aufgerufen am 12.03.2020.

Emissionsminderungen oder für die Festlegung von CO_2 sogenannte Weiße Zertifikate zu vergeben, die in den Zertifikatehandel einfließen könnten. Ein Landwirt, der beispielsweise eine Moorweide vernässt, würde dann für die vermiedenen Emissionen Zertifikate gutgeschrieben bekommen, die er anschließend an andere Marktteilnehmer verkaufen könnte. Mit der Einbeziehung von wiedervernässten Moorböden in den Emissionshandel könnten sich für die Flächeneigentümer bzw. für die Flächenbewirtschafter langfristige Einnahmemöglichkeiten ergeben, mit denen sich Kosten, die durch die Klimaschutzmaßnahme entstehen, ausgleichen ließen.[354, 355]

MoorFutures und Moorbenefits

Neben der Pflichtteilnahme bestimmter Unternehmen am Europäischen Emissionshandel, hat sich inzwischen ein freiwilliger CO_2-Kompensationsmarkt entwickelt. Auf diesen freiwilligen Kohlenstoffmärkten werden Zertifikate verkauft, die nicht unter den Pflichthandel fallen. Zielgruppe sind dabei Firmen oder Verbraucherinnen und Verbraucher, die ihre Treibhausgasbilanz ausgleichen oder optimieren wollen.[356]

Vor diesem Hintergrund hat sich in drei norddeutschen Bundesländern – nämlich Mecklenburg-Vorpommern als Vorreiter, gefolgt von Schleswig-Holstein und Brandenburg – das Modell der sogenannten MoorFutures etabliert. Über ein gemeinsames Internetportal können CO_2-Vermeidungszertifikate aus der Wiedervernässung von Moorböden in diesen Bundesländern erworben werden.[357] In Bayern wird ein Moorzertifikat unter der Bezeichnung Moorbenefits aufgebaut. Das »Moorland-Projekt« des BUND e. V. und seiner Partner greift ebenfalls die Idee auf, Wertpapiere eines freiwilligen Kohlenstoffmarktes auszugeben und auf diese Weise Privatpersonen gezielt an der Moorschutzfinanzierung zu beteiligen.[358, 359]

354 Wissenschaftlicher Beirat Agrarpolitik, Ernährung und gesundheitlicher Verbraucherschutz und Wissenschaftlicher Beirat Waldpolitik, 2016, S. 83 f.

355 Ministerium für Landwirtschaft, Umwelt und Verbraucherschutz Mecklenburg-Vorpommern, 2009, S. 77.

356 Wissenschaftlicher Beirat Agrarpolitik, Ernährung und gesundheitlicher Verbraucherschutz und Wissenschaftlicher Beirat Waldpolitik, 2016, S. 88.

357 https://www.moorfutures.de/, aufgerufen am 12. 03. 2020.

358 Niedersächsisches Ministerium für Umwelt, Energie und Klimaschutz, 2016, S. 55.

359 https://www.moor-land.de/index.php?id=104, aufgerufen am 12. 03. 2020.

Es muss allerdings klar dargestellt werden, dass bisher keine rechtliche Verbindung zwischen den freiwilligen CO_2-Märkten und dem Europäischen Emissionshandel für die gesetzlich verpflichteten Unternehmen besteht. Das bedeutet, dass sich hiesige Klimaschutzprojekte des freiwilligen Marktes derzeit nicht auf die Reduktionsverpflichtungen eines Unternehmens anrechnen lassen, das dem Verpflichtungsmarkt unterliegt. Eine solche Möglichkeit fehlt, obwohl entsprechende Mechanismen für die Anrechnung von Emissionsminderungen durch Klimaschutzprojekte im Ausland bereits etabliert wurden.[360]

Ein positiver Nebeneffekt des freiwilligen Zertifikatehandels aus Moorschutzprojekten könnte aber sein, dass größere Teile der Bevölkerung Interesse für den Moorbodenschutz entwickeln und sich beteiligen könnten.

CO_2-Steuer

Anders als Gebühren oder Abgaben werden Steuern nicht erhoben, um bestimmte Aufgaben oder Tätigkeiten zu finanzieren. Dennoch besteht die Erwartung, dass die Einnahmen aus der sogenannten CO_2-Steuer, die es ab dem Jahr 2021 in Deutschland geben wird, für Klimaschutzprojekte eingesetzt werden. So könnten vorhandene Einrichtungen, Verbände und Stiftungen oder bestehende Förderprogramme mehr Geld erhalten und für den Moorschutz einsetzen. Möglich wäre aber auch, zusätzliche Strukturen zu etablieren wie beispielsweise einen Moorklimafonds analog zum Waldklimafonds oder einen nationalen Treuhandfonds für Flächen mit Moor- oder moorähnlichen Böden.

Laut Brennstoffemissionshandelsgesetz (BEHG) ist bisher allerdings vorgesehen, auch die Einnahmen aus der CO_2-Steuer in gleicher Weise wie die Erlöse aus dem Europäischen Emissionshandel dem Sondervermögen »Energie und Klimafonds«, also dem EKF, zuzuführen. Die CO_2-Steuer wird durch den Verkauf von Emissionszertifikaten für fossile Brennstoffe erhoben, wobei die Preise für die Zertifikate, d. h. pro Tonne Treibhausgase, gesetzlich vorgegeben sind. Da der EKF nach diesem neuen Gesetz[361] auch für Ausgleichszahlungen an Kraftwerksbetreiber und große Stromabnehmer einge-

360 Wissenschaftlicher Beirat Agrarpolitik, Ernährung und gesundheitlicher Verbraucherschutz und Wissenschaftlicher Beirat Waldpolitik, 2016, S. 88.

361 § 11 Brennstoffemissionshandelsgesetz.

setzt werden darf, lässt sich nicht überblicken, ob und inwieweit Mittel des EKF dem Moorbodenschutz zugutekommen werden.

Ausgleichsmaßnahmen als Moorschutzinstrument

Weitere Möglichkeiten, den Moorbodenschutz zu unterstützen, bieten die Ausgleichs- und Ersatzmaßnahmen nach dem Bundesnaturschutzgesetz und dem Baugesetzbuch in Verbindung mit den jeweiligen Regelungen der Länder.[362, 363] Moorrenaturierungen können sowohl bau- wie naturschutzrechtlich als Kompensationsmaßnahmen anerkannt werden.[364] Zur Flexibilisierung von Kompensationsmaßnahmen können sogenannte Ökokonten gebildet werden, die eine Art Bevorratung derartiger Maßnahmen darstellen. Sie stützen sich auf Flächenpools und können auch bereits eingeleitete Maßnahmen einbeziehen. Gerade für Moorschutzprojekte, die in der Regel größere zusammenhängende Flächen betreffen, können mithilfe der Ökokonten Kooperationen mehrerer Kommunen organisiert werden. Insofern bieten gerade die Ökokonten den Kommunen eine Möglichkeit, sich gezielt für Moore vor Ort einzusetzen. Auch eine landesweite Ökokontierung ist möglich.[365]

362 § 15 Abs. 2 Bundesnaturschutzgesetz.

363 §§ 1a u. 135a Baugesetzbuch.

364 Röhl et al., 2012, S. 25.

365 Ministerium für Landwirtschaft, Umwelt und Verbraucherschutz Mecklenburg-Vorpommern, 2009, S. 45.

Zusammenfassung und Ausblick

Moore, genauer Moor- und moorähnliche Böden, sind große Kohlenstoffspeicher. Torf, der moortypische Bodenbestandteil, besteht vor allem aus Pflanzenresten, die wegen der wassergesättigten Umgebung nur teilweise zersetzt wurden. Wenn Moorböden entwässert werden, um sie z. B. landwirtschaftlich nutzen zu können, wird die Zersetzung dieser Reste, also des Torfs, wieder in Gang gesetzt. Dadurch werden das Treibhausgas CO_2 und andere Substanzen freigesetzt und gelangen in die Umgebung. Die Zersetzung von Torf auf entwässerten Flächen führt zur Bildung großer Mengen CO_2.

Intakte, wachsende Moore haben den entsprechenden Kreisläufen Kohlenstoff- und Nährstoffverbindungen entzogen und legten sie über Tausende von Jahren als Torf fest. Solche Moore waren bzw. sind weitgehend klimaneutral. Durch die Entwässerung werden Moore und moorähnliche Böden zu großen Treibhausgasquellen und haben ihre wasserspeichernde und -klärende Rolle im Landschaftswasserhaushalt verloren. Außerdem sind zahllose Moorbiotope durch die Entwässerung verloren gegangen, weshalb viele moortypische Pflanzen- und Tierarten selten geworden sind.

Zusammenfassend lässt sich festhalten, dass die Wiedervernässung von Moorböden eine sehr effektive, nachhaltige und kostengünstige Klimaschutzmaßnahme ist, die außerdem viele positive Auswirkungen für den Artenschutz einschließt. Der geringe Anteil land- oder forstwirtschaftlich genutzter Flächen, die zurzeit wiedervernässt werden, zeigt aber auch, dass dieses Wissen noch nicht ausreichend weit verbreitet ist und vor allem politisch noch keine angemessene Resonanz findet.

Für einen wirkungsvollen Klimaschutz durch Moorschutz wird dringend ein stärkeres Engagement aller möglichen Akteure benötigt. Das gilt für die

Politik und Verwaltung genauso wie für Eigentümer und Nutzer organischer Böden. Gerade sie dürfen bei dieser Aufgabe nicht allein gelassen werden. Deshalb müssen positive Anreize für den Klimaschutz durch Moorschutz geschaffen und finanzielle Einbußen bei den Eigentümern und Nutzern der Flächen in vollem Umfang ausgeglichen werden. Klimaschutz durch den Schutz von Moorböden ist eine drängende gesamtgesellschaftliche Aufgabe!

Gerade für die landwirtschaftlichen Akteure könnte der Moorbodenschutz eine große Chance sein, die Klimabilanz ihrer Branche erheblich zu verbessern und sich selbst an die Spitze einer Bewegung zu setzen, die Wertschätzung mit sich bringt und ökonomisch nachhaltige Veränderungen ermöglicht. Natürlich müssen dafür geeignete politische Rahmenbedingungen geschaffen werden, angefangen bei einer moorschutztauglichen Agrarpolitik auf europäischer Ebene und gezielten Förderinstrumenten für Wiedervernässungen bis zur Verwendung der Einnahmen aus der künftigen CO_2-Steuer.

Ein überfälliger Schritt in diese Richtung wäre die Entwicklung und zügige Umsetzung eines nationales Moorschutzkonzeptes gemeinsam mit allen Beteiligten, allerdings ohne bereits laufende Programme deshalb auszusetzen oder zu behindern.

Auf einen Blick – die wichtigsten Zahlen

88 % der Moor- und moorähnlichen Böden in Deutschland – 1,61 Mio. von 1,82 Mio. ha – werden für land- oder forstwirtschaftliche Zwecke genutzt. Über 93 % dieser Flächen sind entwässert.[366]

Moor- und moorähnliche Böden, die als Acker, Grünland, Gehölze oder Wald genutzt werden, machen 5,6 % aller land- und forstwirtschaftlich genutzten Flächen aus und emittieren jährlich ca. 40 Mio. t CO_2-Äq., also fast 40 % der Treibhausgase dieser beiden verwandten Wirtschaftszweige.

Durch Wiedervernässung lassen sich pro Hektar jährlich 10 bis 25 t CO_2-Äq. an Emissionen einsparen, bei zuvor stark entwässerten Flächen auch mehr. Hier liegt die große Chance für den Klimaschutz.

Die CO_2-Festlegung aus der Atmosphäre ist, verglichen mit dem Einsparpotenzial durch Wiedervernässung, gering und beträgt in natürlichen Mooren 0,5–1 t pro Hektar in einem Jahr.

366 Umweltbundesamt, 2019a, S. 569.

Literatur und Quellen

Abel, S. (2016): DPPP – Datenbank potentielle Paludikultur Pflanzen, in: Wichtmann, W.; Schröder, C.; Joosten, H. (Hrsg.): Paludikultur – Bewirtschaftung nasser Moore; E. Schweizerbart'sche Verlagsbuchhandlung, Stuttgart, S. 21.

Abel, S.; Barthelmes, A.; Gaudig, G.; Joosten, H.; Nordt, A. & Peters, J. (2019): Klimaschutz auf Moorböden – Lösungsansätze und Best-Practice-Beispiele, Greifswald Moor Centrum-Schriftenreihe 03/2019.

Ad-hoc-Arbeitsgruppe Boden der Staatlichen Geologischen Dienste und der Bundesanstalt für Geowissenschaften und Rohstoffe (2005): Bodenkundliche Kartierung, E. Schweizerbart'sche Verlagsbuchhandlung, Stuttgart, 5. Auflage.

Ahlhaus, M.; Jantzen, C. (2016): Festbrennstoffe aus Paludikultur, in: Wichtmann, W.; Schröder, C.; Joosten, H. (Hrsg.): Paludikultur – Bewirtschaftung nasser Moore; E. Schweizerbart'sche Verlagsbuchhandlung, Stuttgart, S. 49.

Augustin, J.; Joosten, H. (2007): Peatland rewetting and the greenhouse effect, IMCG Newsletter, 2007/3, S. 29–30, ISSN 1682-1653.

Augustin, J.; Couwenberg, J.; Minke, M. (2011): Peatlands and greenhouse gases, in: Tanneberger, F.; Wichtmann, W. (Hrsg.): Carbon credits from peatland rewetting, E. Schweizerbart'sche Verlagsbuchhandlung, Stuttgart, S. 13–19.

Bayerisches Landesamt für Umwelt (LfU) (2013): KLIP 2020 – Ein Sonderprogramm zur Moorrenaturierung; https://www.lfu.bayern.de/natur/moore/doc/klip_2020_infoblatt.pdf.

Bayerische Staatsregierung (2015): Klimaschutzprogramm Bayern 2050; https://www.bestellen.bayern.de/application/eshop_app000002?SID=12.23.0114&ACTIONxSESSxSHOWPIC(BILDxKEY:‹stmuv_klima_006‹,BILDxCLASS:‹Artikel‹,BILDxTYPE:‹PDF‹).

Bundesamt für Naturschutz (2016): Projekte des Bundesprogramms Biologische Vielfalt; https://biologischevielfalt.bfn.de/fileadmin/BfN/service/Dokumente/Broschuere_BPBV_gesamt_barrierefrei.pdf.

Bundesamt für Naturschutz (2017): Agrar-Report 2017 – Biologische Vielfalt in der Agrarlandschaft; https://www.bfn.de/fileadmin/BfN/landwirtschaft/Dokumente/BfN-Agrar-Report_2017.pdf.

Bundesministerium für Ernährung und Landwirtschaft (2019): Rahmenplan der Gemeinschaftsaufgabe »Verbesserung der Agrarstruktur und des Küstenschutzes« 2019–2022; https://www.bmel.de/SharedDocs/Downloads/Landwirtschaft/Foerderung/Rahmenplan2019-2022.pdf;jsessionid=7CFA32.52.03104B6B6B78396905A803.1_cid385?__blob=publicationFile.

Bundesministerium für Umwelt, Naturschutz, Bau und Reaktorsicherheit (2007/2015): Nationale Strategie zur biologischen Vielfalt, Kabinettsbeschluss vom 7. November 2007, 4. Auflage; http://biologischevielfalt.bfn.de/fileadmin/NBS/documents/broschuere_biolog_vielfalt_2015_strategie_bf.pdf.

Bundesministerium für Umwelt, Naturschutz, Bau und Reaktorsicherheit (2016): Klimaschutzplan 2050 – Klimaschutzpolitische Grundsätze und Ziele der Bundesregierung; https://www.bmub.bund.de/publikation/klimaschutzplan-2050-klimaschutzpolitische-grundsaetze-und-ziele-der-bundesregierung/.

Bundesministerium für Umwelt, Naturschutz und nukleare Sicherheit (2019): Klimaschutzprogramm 2030 der Bundesregierung zur Umsetzung des Klimaschutzplans 2050; https://www.bundesregierung.de/resource/blob/975.26.1679914/e01d6bd855f09bf05cf7498e06d0a3ff/2019-10-09-klima-massnahmen-data.pdf?download=1.

Burmeister, E.-G. (1990): Die Tierwelt der Moore (speziell der Hochmoore), in: Göttlich, K. (Hrsg.): Moor- und Torfkunde, E. Schweizerbart'sche Verlagsbuchhandlung, Stuttgart, 3. Auflage, S. 29–49.

Couwenberg, J.; Joosten, H. (2001): Das Beispiel Deutschland, in: Succow, M.; Joosten, H. (Hrsg.): Landschaftsökologische Moorkunde, E. Schweizerbart'sche Verlagsbuchhandlung, Stuttgart, 2. Auflage, S. 409–411.

Couwenberg, J. (2007): Biomass energy crops on peatlands: on emissions and perversions, IMCG Newsletter, 2007/3, S. 12–14, ISSN 1682-1653.

Couwenberg, J. (2011): Vegetation as a proxy for greeenhouse gas fluxes – the GEST approach, in: Tanneberger, F.; Wichtmann, W. (Hrsg.): Carbon credits from peatland rewetting, E. Schweizerbart'sche Verlagsbuchhandlung, Stuttgart, S. 37–42.

Couwenberg, J.; Thiele, A.; Tanneberger, F.; Augustin, J.; Bärisch, S.; Dubovik, D.; Liashchynskaya, N.; Michaelis, D.; Minke, M.; Skuratovich, A.; Joosten, H. (2011): Assessing greenhouse gas emissions from peatlands using vegetation as a proxy, Hydrobiologia, 674, S. 67–89.

Deutscher Bauernverband e. V. (DBV) (2019): Situationsbericht 2018/19 – Trends und Fakten zur Landwirtschaft; https://www.bauernverband.de/situationsbericht/1-landwirtschaft-und-gesamtwirtschaft.

Dierßen, K.; Dierßen, B. (2008): Moore, in der Reihe: Ökosysteme Mitteleuropas aus geobotanischer Sicht, Verlag Eugen Ulmer, Stuttgart.

Drösler, M. (2005): Trace gas exchange and climatic relevance of bog systems, southern germany, Dissertation, Technische Universität München.

Drösler, M.; Freibauer, A.; Adelmann, W.; Augustin, J.; Bergman, L.; Beyer, C.; Chojnicki, B.; Förster, C.; Giebels, M.; Görlitz, S.; Höper, H.; Kantelhardt, J.; Liebersbach, H.; Hahn-Schöfl, M.; Minke, M.; Petschow, U.; Pfadenhauer, J.; Schaller, L.; Schägner, P.; Sommer, M.; Thuille, A.; Wehrhan, M. (2011): Klimaschutz durch Moorschutz in der Praxis; Ergebnisse aus dem BMBF-Verbundprojekt »Klimaschutz – Moornutzungsstrategien« 2006–2010, Arbeitsberichte aus dem vTI-Institut für Agrarrelevante Klimaforschung, 04/2011.

Drösler, M.; Augustin, J.; Bergman, L.; Förster, C.; Fuchs, D.; Hermann, J.-M.; Kantelhardt, J.; Kapfer, A.; Krüger, G.; Schaller, L.; Sommer, M.; Schweiger, M.; Steffenhagen, P.; Tiemeyer, B.; Wehrhan, M. (2012): Beitrag ausgewählter Schutzgebiete zum Klimaschutz und dessen monetäre Bewertung, BfN Skripten 328, BfN, Bonn.

Drösler, M.; Freibauer, A.; Adelmann, W.; Augustin, J.; Bergman, L.; Beyer, C.; Chojnicki, B.; Förster, C. , Giebels, M.; Görlitz, S.; Höper, H.; Kantelhardt, J.; Liebersbach, H.; Hahn-Schöfl, M.; Minke, M.; Petschow, U.; Pfadenhauer, J.; Schaller, L.; Schägner, P.; Sommer, M.; Thuille, A.; Wehrhan, M. (2013): Klimaschutz durch Moorschutz – Schlussbericht des Vorhabens »Klimaschutz und Moorstrategien« 2006-2010; https://www.researchgate.net/publication/280739406_Klimaschutz_durch_Moorschutz_Schlussbericht_des_BMBF-Vorhabens_Klimaschutz_-_Moornutzungsstrategien_2006-2010.

Edom, F. (2001): Moorlandschaften aus hydrologischer Sicht (chorische Betrachtung), in: Succow, M.; Joosten, H. (Hrsg.): Landschaftsökologische Moorkunde, E. Schweizerbart'sche Verlagsbuchhandlung, Stuttgart, 2. Auflage, S. 185–228.

Eggelsmann, R. (1990a): Moor und Wasser, in: Göttlich, K. (Hrsg.): Moor- und Torfkunde, E. Schweizerbart'sche Verlagsbuchhandlung, Stuttgart, 3. Auflage, S. 288–320.

Eggelsmann, R. (1990b): Wasserregelung im Moor, in: Göttlich, K. (Hrsg.): Moor- und Torfkunde, E. Schweizerbart'sche Verlagsbuchhandlung, Stuttgart, 3. Auflage, S. 321–349.

Field, R.; Tanneberger, F. (2011): Peatland rewetting and biodiversity management, in: Tanneberger, F.; Wichtmann, W. (Hrsg.): Carbon credits from peatland rewetting, E. Schweizerbart'sche Verlagsbuchhandlung, Stuttgart, S. 81–87.

Gallego-Sala, A. V.; Booth, R. K.; Charman, D. J.; Prentice, I. C.; Yu, Z. (2016): Peatlands and climate change, in: Bonn, A.; Allott, T.; Evans, M.; Joosten, H.; Stoneman, R. (Hrsg.): Peatland Restoration and Ecosystem Services – Science, Policy and Practice, Cambridge University Press, S. 129–150.

Gelbrecht, J.; Koppisch, D.; Lengsfeld, H. (2001): Nordostdeutsche Niedermoore als Akkumulationsräume, in Succow, M.; Joosten, H. (Hrsg.): Landschaftsökologische Moorkunde, E. Schweizerbart'sche Verlagsbuchhandlung, Stuttgart, 2. Auflage, S. 38–40.

Gobin, A.; Campling, P.; Janssen, L.; Desmet, N.; van Delden, H.; Hurkens, J.; Lavelle, P.; Berman, S. (2011): Soil organic matter management across the EU – best practices, constraints and trade-offs, Final Report for the European Commission's DG Environment, September 2011; DOI:10.2779/17252.

Göttlich, K.; Kuntze, H. (1990): Moorkultivierung für Forst- und Landwirtschaft, in: Göttlich, K. (Hrsg.): Moor- und Torfkunde, E. Schweizerbart'sche Verlagsbuchhandlung, Stuttgart, 3. Auflage, S. 385–410.

Greifswald Moor Centrum (2019): Faktenpapier zu Mooren in Mecklenburg-Vorpommern; https://www.greifswaldmoor.de/files/dokumente/Infopapiere_Briefings/2019_Faktenpapier_MoorklimaschutzMV_Dez2019_fin_korr2.pdf.

Grosse-Brauckmann, G. (1990): Ablagerungen der Moore, in: Göttlich, K. (Hrsg.): Moor- und Torfkunde, E. Schweizerbart'sche Verlagsbuchhandlung, Stuttgart, 3. Auflage, S. 175–236.

Günther, J. (1990): Torf im Gartenbau, in: Göttlich, K. (Hrsg.): Moor- und Torfkunde, E. Schweizerbart'sche Verlagsbuchhandlung, Stuttgart, 3. Auflage, S. 454–472.

Günther, A.; Huth, V.; Jurasinski, G.; Glatzel, S. (2015): The effect of biomass harvesting on greenhouse gas emissions from a rewetted temperate fen, GCB Bioenergy, 7, S. 1092–1106; doi:10.1111/gcbb.12214.

Günther, A.; Barthelmes, A.; Huth, V.; Joosten, H.; Jurasinski, G.; Koebsch, F.; Couwenberg, J. (2020): Prompt rewetting of drained peatlands reduces climate warming despite methane emissions. Nature Communications, 11: 1644; https://doi.org/10.1038/s41467-020-15499-z.

Hayen, H. (1990): Moorarchäologie, in: Göttlich, K. (Hrsg.): Moor- und Torfkunde, E. Schweizerbart'sche Verlagsbuchhandlung, Stuttgart, 3. Auflage, S. 156–174.

Heindl, P.; Löschel, A.; Schenker, O. (2019): Der Europäische Emissionshandel als zentrales klimapolitisches Instrument – Einbettung, Erfahrungen aus der Praxis und Wirkungsanalyse, in: Angrick, M.; Kühleis, C.; Landgrebe, J.; Weiß, J. (Hrsg.): 12 Jahre Europäischer Emissionshandel in Deutschland, Metropolis-Verlag, Marburg, 2. Auflage, S. 71–88.

Hiesinger, S.; Zapfel, P. (2019): Perspektiven des EU ETS in einer wirkungsvollen europäischen Klimapolitik, in: Angrick, M.; Kühleis, C.; Landgrebe, J.; Weiß, J. (Hrsg.): 12 Jahre Europäischer Emissionshandel in Deutschland, Metropolis-Verlag, Marburg, 2. Auflage, S. 181–193.

Höper, H. (2007): Freisetzung klimarelevanter Gase aus deutschen Mooren; Telma 37, S. 85–116.

Höper, H. (2015): Treibhausgas-Emissionen aus Mooren und Möglichkeiten der Verringerung; Telma-Beiheft 5, S. 133–158.

Hüttl, R.; Prechtel, A.; Bens, O. (2008): Humusversorgung von Böden in Deutschland, Publikationen des Umweltbundesamtes; https://www.umweltbundesamt.de/publikationen/humusversorgung-von-boeden-in-deutschland.

IPCC (2014a): Klimaänderung 2014: Synthesebericht. Beitrag der Arbeitsgruppen I, II und III zum Fünften Sachstandsbericht des Zwischenstaatlichen Ausschusses für Klimaänderungen (IPCC), Hauptautoren, Pachauri, R. K.; Meyer, L. A. (Hrsg.), IPCC, Genf, Schweiz. Deutsche Übersetzung durch Deutsche IPCC-Koordinierungsstelle, Bonn, 2016.

IPCC (2014b): 2013 Supplement to the 2006 IPCC Guidelines for National Greenhouse Gas Inventories: Wetlands, Hiraishi, T.; Krug, T.; Tanabe, K.; Srivastava, N.; Baansuren, J.; Fukuda, M.; Troxler, T. (Hrsg.), IPCC, Switzerland.

IPCC (2018): Zusammenfassung für politische Entscheidungsträger. In: 1,5 °C globale Erwärmung. Ein IPCC-Sonderbericht über die Folgen einer globalen Erwärmung um 1,5 °C gegenüber vorindustriellem Niveau und die damit verbundenen globalen Treibhausgasemissionspfade im Zusammenhang mit einer Stärkung der weltweiten Reaktion auf die Bedrohung durch den Klimawandel, nachhaltiger Entwicklung und Anstrengungen zur Beseitigung von Armut, Masson-Delmotte, V.; Zhai, P.; Pörtner, H.-O.; Roberts, D.; Skea, J.; Shukla, P. R.; Pirani, A.; Moufouma-Okia, W.; Péan, C.; Pidcock, R.; Connors, S.; Matthews, J. B. R.; Chen, Y.; Zhou, X.; Gomis, M. I.; Lonnoy, E.; Maycock, T.; Tignor, M.; Waterfield, T. (Hrsg.), World Meteorological Organization, Genf, Schweiz. Deutsche Übersetzung auf Basis der Version vom 14. 11. 2018. Deutsche IPCC-Koordinierungsstelle, ProClim/SCNAT, Österreichisches Umweltbundesamt, Bonn/Bern/Wien.

Jacobs, A.; Flessa, H.; Don, A.; Heidkamp, A.; Prietz, R.; Dechow, R.; Gensior, A.; Poeplau, C.; Riggers, C.; Schneider, F.; Tiemeyer, B.; Vos, C.; Wittnebel, M.; Müller, T.; Säurich, A.; Fahrion-Nitschke, A.; Gebbert, S.; Hopfstock, R.; Jaconi, A.; Kolata, H.; Laggner, A.; Lorbeer, M.; Schröder, J.; Weiser, C.; Freibauer, A. (2018): Landwirtschaftlich genutzte Böden in Deutschland – Ergebnisse der Bodenzustandserhebung. Braunschweig: Johann Heinrich von Thünen-Institut, Thünen Report 64; DOI:10.3220/REP15. 28. 8391000.

Jensen, R.; Landgraf, L.; Lenschow, U.; Paterak, B.; Permien, T.; Schiefelbein, U.; Sorg, U.; Thorman, J.; Trepel, M.; Wälter, T.; Wreesmann, H.; Ziebarth, M. (2012): Positionspapier: Potenziale und Ziele zum Moor- und Klimaschutz, Natur und Landschaft, 87/2, S. 87–88.

Joosten, H.; Couwenberg, J. (2001): Das Beispiel Europa, in: Succow, M.; Joosten, H. (Hrsg.): Landschaftsökologische Moorkunde, E. Schweizerbart'sche Verlagsbuchhandlung, Stuttgart, 2. Auflage, S. 406–408.

Joosten, H.; Succow, M. (2001): Einführung: Zum Begriff »Moor« und vom Wesen der Moore, in: Succow, M., Joosten, H. (Hrsg.): Landschaftsökologische Moorkunde, E. Schweizerbart'sche Verlagsbuchhandlung, Stuttgart, 2. Auflage, S. 2–7.

Joosten, H. (2009): The Global Peatland CO_2 Picture Peatland status and emissions in all countries of the world, Wetlands International, https://unfccc.int/sites/default/files/draftpeatlandco2report.pdf.

Joosten, H. (2011): The global peatland CO_2 picture, in: Tanneberger, F.; Wichtmann, W. (Hrsg.): Carbon credits from peatland rewetting, E. Schweizerbart'sche Verlagsbuchhandlung, Stuttgart, S. 20–30.

Joosten, H.; Sirin, A.; Couwenberg, J.; Laine, J.; Smith, P. (2016a): The role of peatlands in climate regulation, in: Bonn, A.; Allott, T.; Evans, M.; Joosten, H.; Stoneman, R. (Hrsg.): Peatland Restoration and Ecosystem Services – Science, Policy and Practice, Cambridge University Press, S. 63–76.

Joosten, H.; Gaudig, G.; Tanneberger, F.; Wichmann, S.; Wichtmann, W. (2016b): Paludiculture: sustainable productive use of wet an rewetted peatlands, in Bonn, A.; Allott, T., Evans, M.; Joosten, H.; Stoneman, R. (Hrsg.): Peatland Restoration and Ecosystem Services - Science, Policy and Practice, Cambridge University Press, S. 339–357.

Joosten, H.; Moen, A.; Couwenberg, J.; Tanneberger, F. (2017a): Mire diversity in Europe: mire and peatland types, in: Joosten, H.; Tanneberger, F.; Moen, A. (Hrsg.): Mires and peatlands of Europe, E. Schweizerbart'sche Verlagsbuchhandlung, Stuttgart, S. 5–64.

Joosten, H.; Couwenberg, J.; Moen, A.; Tanneberger, F. (2017b): Mire and peatland terms and definitions in Europe, in: Joosten, H.; Tanneberger, F.; Moen, A. (Hrsg.): Mires and peatlands of Europe, E. Schweizerbart'sche Verlagsbuchhandlung, Stuttgart, S. 65–96.

Joosten, H.; Tanneberger, F. (2017): Peatland use in Europe, in: Joosten, H.; Tanneberger, F.; Moen, A. (Hrsg.): Mires and peatlands of Europe, E. Schweizerbart'sche Verlagsbuchhandlung, Stuttgart, S. 151–172.

Kaule, G.; Göttlich, K. (1990): Sonderstellung der Moore in Volksglauben und Kunst, in: Göttlich, K. (Hrsg.): Moor- und Torfkunde, E. Schweizerbart'sche Verlagsbuchhandlung, Stuttgart, 3. Auflage, S. 1–28.

Koppisch, D. (2001a): Moore als Stoffilter, in Succow, M.; Joosten, H. (Hrsg.): Landschaftsökologische Moorkunde, E. Schweizerbart'sche Verlagsbuchhandlung, Stuttgart, 2. Auflage, S. 40–41.

Koppisch, D. (2001b): Torfbildung, in Succow, M.; Joosten, H. (Hrsg.): Landschaftsökologische Moorkunde, E. Schweizerbart'sche Verlagsbuchhandlung, Stuttgart, 2. Auflage, S. 8–17.

Lal, R. (2015): Klima: Der große Kohlenstoffspeicher, in: Heinrich-Böll-Stiftung, Institute for Advanced Sustainability Studies, Bund für Umwelt und Naturschutz, Le Monde diplomatique (Hrsg.): Bodenatlas – Daten und Fakten über Acker, Land und Erde, 4. Auflage, S. 16–17; https://www.boell.de/sites/default/files/bodenatlas2015_iv.pdf.

Landesamt für Landwirtschaft, Umwelt und ländliche Räume Schleswig-Holstein (2012): Eine Vision für Moore in Deutschland – Potentiale und Ziele zum Moor- und Klimaschutz, Gemeinsame Erklärung der Naturschutzbehörden; https://www.schleswig-holstein.de/DE/Fachinhalte/N/naturschutz/Downloads/Positionspapier.pdf?__blob=publicationFile&v=1.

Landesamt für Landwirtschaft, Umwelt und ländliche Räume des Landes Schleswig-Holstein (2016): Moore in Schleswig-Holstein; Geschichte – Bedeutung – Schutz, Schriftenreihe LLUR SH – Natur; 23, 2. Auflage.

Landesumweltamt Brandenburg (2006): Rahmenplan zur Prioritätensetzung bei der Förderung von Moorschutzprojekten durch den NaturSchutzFonds; https://lfu.brandenburg.de/cms/media.php/lbm1.a.3310.de/moorplan.pdf.

Landry, J.; Rochefort, L. (2012): The drainage of peatlands: impacts and rewetting techniques, Peatland Ecology Research Group, Département de phytologie, Université Laval, 2425 rue de l'Agriculture Québec, Québec G1V 0A6; http://www.gret-perg.ulaval.ca/uploads/tx_centrerecherche/Drainage_guide_Web_02.pdf.

Landtag von Baden-Württemberg (2019): Antrag der Abg. Gabi Rolland u. a. SPD und Stellungnahme des Ministeriums für Umwelt, Klima und Energiewirtschaft zu Umsetzung des landesweiten Moorschutzkonzepts; Drucksache 16 /7132 vom 22. 10. 2019.

Lenschow, U. (2001): Das Beispiel Mecklenburg-Vorpommern, in: Succow, M.; Joosten, H. (Hrsg.): Landschaftsökologische Moorkunde, E. Schweizerbart'sche Verlagsbuchhandlung, Stuttgart, 2. Auflage, S. 411–415.

Minayeva, T.; Bragg, O.; Cherednichenko, O.; Couwenberg, J.; van Duinen, G.-J.; Giesen, W.; Grootjans, A.; Grundling, P.-L.; Nikolaev, V.; van der Schaaf, S. (2008): Peatlands and Biodiversity, in: Parish, F.; Sirin, A.; Charman, D.; Joosten, H.; Minayeva, T.; Silvius, M.; Stringer, L. (Hrsg.): Assessment on Peatlands, Biodiversity and Climate Change: Main Report. Global Environment Centre, Kuala Lumpur and Wetlands International, Wageningen, S. 60–98.

Ministerium für Landwirtschaft, Umwelt und Verbraucherschutz Mecklenburg-Vorpommern (2009): Konzept zum Schutz und zur Nutzung der Moore; https://www.lung.mv-regierung.de/insite/cms/umwelt/natur/lebensraumschutz_portal/moorschutz.htm.

Ministerium für Landwirtschaft und Umwelt Mecklenburg-Vorpommern (2017): Umsetzung von Paludikultur auf landwirtschaftlich genutzten Flächen in Mecklenburg-Vorpommern. Fachstrategie zur Umsetzung der nutzungsbezogenen Vorschläge des Moorschutzkonzeptes, Ministerium für Landwirtschaft und Umwelt Mecklenburg-Vorpommern, Schwerin; https://www.regierung-mv.de/Landesregierung/lm/Umwelt/Nachhaltige-Entwicklung/Schutz-und-Nutzung-der-Moore-in-MV/?id=15227&processor=veroeff.

Ministerium für Ländlichen Raum und Verbraucherschutz Baden-Württemberg (MLR) (2014): Naturschutzstrategie, 2. Auflage; https://um.baden-wuerttemberg.de/fileadmin/redaktion/m-um/intern/Dateien/Dokumente/2_Presse_und_Service/Publikationen/Umwelt/Naturschutz/Naturschutzstrategie_Langfassung.pdf.

Ministerium für Umwelt, Klima und Energiewirtschaft Baden-Württemberg u. LUBW Landesanstalt für Umwelt, Messungen und Naturschutz Baden-Württemberg (2017): Moorschutzprogramm Baden-Württemberg, 2. Auflage; https://um.baden-wuerttemberg.de/de/service/publikationen/publikation/did/moorschutzprogramm-baden-wuerttemberg-2/.

Minke, M.; Chuvashova, H.; Burlo, A.; Yarmashuk, T.; Augustin, J. (2011): Measuring GHG gases from peatlands, in: Tanneberger, F.; Wichtmann, W. (Hrsg.): Carbon credits from peatland rewetting, E. Schweizerbart'sche Verlagsbuchhandlung, Stuttgart, S. 30–36.

Moen, A.; Joosten, H.; Tanneberger, F. (2017): Mire diversity in Europe: mire regionality, in: Joosten, H.; Tanneberger, F.; Moen, A. (Hrsg.): Mires and peatlands of Europe, E. Schweizerbart'sche Verlagsbuchhandlung, Stuttgart, S. 97–149.

Niedersächsisches Ministerium für Umwelt, Energie und Klimaschutz (2016): Programm Niedersächsische Moorlandschaften – Grundlagen, Ziele, Umsetzung; https://www.umwelt.niedersachsen.de/startseite/themen/moorschutz/niedersaechsische-moorlandschaften-116261.html.

Oehmke, C.; Abel, S. (2016): Ausgewählte Paludikulturen, in: Wichtmann, W.; Schröder, C.; Joosten, H. (Hrsg.): Paludikultur – Bewirtschaftung nasser Moore; E. Schweizerbart'sche Verlagsbuchhandlung, Stuttgart, S. 22–39.

Osterburg, B.; Heidecke, C.; Bolte, A.; Braun, J.; Dieter, M.; Dunger, K.; Elsasser, P.; Fischer, R.; Flessa, H.; Fuß, R.; Günter, S.; Jacobs, A.; Offermann, F.; Rock, J.; Rösemann, C.; Rüter, S.; Schmidt, T.; Schröder, J.-M.; Schweinle, J.; Tiemeyer, B.; Weimar, H.; Welling, J.; de Witte, T. (2019): Folgenabschätzung für Maßnahmenoptionen im Bereich Landwirtschaft und landwirtschaftliche Landnutzung, Forstwirtschaft und Holznutzung zur Umsetzung des Klimaschutzplans 2050, Johann Heinrich von Thünen-Institut, Thünen Working Paper 137; Braunschweig, DOI:10.3220/WP15. 65. 0038000.

Parish, F.; Sirin, A.; Charman, D.; Joosten, H.; Minayeva, T.; Silvius, M.; Stringer, L. (Hrsg.) (2008): Assessment on Peatlands, Biodiversity and Climate Change: Main Report. Global Environment Centre, Kuala Lumpur and Wetlands International, Wageningen.

Praetorius, B.; Litz, P.; Graichen, P. (2019): Europäischer Emissionshandel und flankierende nationale Instrumente – notwendige Kombination für wirksamen Klimaschutz, in: Angrick, M.; Kühleis, C.; Landgrebe, J.; Weiß, J. (Hrsg.): 12 Jahre Europäischer Emissionshandel in Deutschland, Metropolis-Verlag, Marburg, 2. Auflage, S. 107–120.

Röhl, M.; Huber, S.; Seyfang, H.; Wuchter, K. (2012): Moorschutz mal praktisch – Kleiner Leitfaden für Moorschützer, Hochschule für Wirtschaft und Umwelt Nürtingen-Geislingen; https://www.hfwu.de/fileadmin/user_upload/ZNE/Publikationen_alle_hierher/Leitfaden_fuer_Moorschuetzer.pdf.

Roßkopf, N.; Fell, H.; Zeitz, J. (2015): Organic soils in Germany, their distribution and carbon stocks; Catena, 133, S. 157–170; http://dx.doi.org/10.1016/j.catena.2015.05.004.

Richard, K.-H. (1990): Torfgewinnung und Torfverwertung, in: Göttlich, K. (Hrsg.): Moor- und Torfkunde, E. Schweizerbart'sche Verlagsbuchhandlung, Stuttgart, 3. Auflage, S. 411–454.

Ritchie, H.; Roser, M. (2019): Land Use. Onlineveröffentlichung, https://ourworldindata.org/land-use.

Sachverständigenrat für Umweltfragen (2012): Umweltgutachten 2012 – Verantwortung in einer begrenzten Welt, Erich-Schmidt-Verlag, Berlin; https://umweltrat.de/SharedDocs/Downloads/DE/01_Umweltgutachten/2012_2016/2012_06_04_Umweltgutachten_HD.pdf?__blob=publicationFile.

Schleswig-Holsteinischer Landtag (2011): Bericht der Landesregierung zum Moorschutzprogramm für Schleswig-Holstein, Drucksache 17/1490; https://www.schleswig-holstein.de/DE/Fachinhalte/N/naturschutz/Downloads/Drucksache_17_1490.pdf?__blob=publicationFile&v=2.

Schröder, C.; Schulze, P.; Luthardt, V.; Zeitz, J. (Hrsg.) (2015): Steckbriefe für Niedermoorbewirtschaftung bei unterschiedlichen Wasserverhältnissen; Humboldt Universität zu Berlin und Hochschule für Nachhaltige Entwicklung Eberswalde; http://www.dss-torbos.de/bewirtschaftungsoptionen.html.

Schubert, S. (2018): Pflanzenernährung, 3. Auflage, Verlag Eugen Ulmer, Stuttgart.

Stahr, K.; Kandeler, E.; Herrmann, L.; Streck, T. (2016): Bodenkunde und Standortlehre, 3. Auflage, Verlag Eugen Ulmer, Stuttgart.

Succow, M. (2001a): Einführung: zum Inhalt des Buches, in: Succow, M.; Joosten, H. (Hrsg.): Landschaftsökologische Moorkunde, E. Schweizerbart'sche Verlagsbuchhandlung, Stuttgart, 2. Auflage, S. 1–2.

Succow, M. (2001b): Kurzer Abriss der Nutzungsgeschichte mitteleuropäischer Moore, in: Succow, M.; Joosten, H. (Hrsg.): Landschaftsökologische Moorkunde, E. Schweizerbart'sche Verlagsbuchhandlung, Stuttgart, 2. Auflage, S. 404–406.

Tanneberger, F. (2011a): Portrait of the Aquatic Warbler, in: Tanneberger, F.; Wichtmann, W. (Hrsg.): Carbon credits from peatland rewetting, E. Schweizerbart'sche Verlagsbuchhandlung, Stuttgart, S. 63–64.

Tanneberger, F. (2011b): The Aquatic Warbler as an umbrella species, in: Tanneberger, F.; Wichtmann, W. (Hrsg.): Carbon credits from peatland rewetting, E. Schweizerbart'sche Verlagsbuchhandlung, Stuttgart, S. 79.

Tanneberger, F., Malashevich, U. (2011): Restoring Aquatic Warbler breeding sites, in: Tanneberger, F., Wichtmann, W. (Hrsg.): Carbon credits from peatland rewetting, E. Schweizerbart'sche Verlagsbuchhandlung, Stuttgart, S. 69–70.

Tiemeyer, B.; Freibauer, A.; Drösler, M.; Albiac-Borraz, E.; Augustin, J.; Bechtold, M.; Beetz, S.; Belting, S.; Bernrieder, M.; Beyer, C.; Eberl, J.; Eickenscheidt, T.; Fell, H.; Fiedler, S.; Förster, C.; Frahm, E.; Frank, S.; Giebels, M.; Laggner, A.; Leiber-Sauheitl, K.; Leppelt, T.; Metzger, C.; Peichl-Brak, M.; Röhling, S.; Rosskopf, N.; Rötzer, T.; Sommer, M.; Wehrhan, M.;

Werle, P.; Zeitz, J. (2013): Klimarelevanz von Mooren und Anmooren in Deutschland: Ergebnisse aus dem Verbundprojekt »Organische Böden in der Emissionsberichterstattung«. Braunschweig: Johann Heinrich von Thünen-Institut, Thünen Working Paper 15.

Tiemeyer, B.; Freibauer, A.; Albiac Borraz, E.; Augustin, J.; Bechtold, M.; Beetz, S.; Beyer, C.; Ebli, M.; Eickenscheidt, T.; Fiedler, S.; Förster, C.; Gensior, A.; Giebels, M.; Glatzel, S.; Heinichen, J.; Hoffmann, M.; Höper, H.; Jurasinski, G.; Laggner, A.; Leiber-Sauheitl, K.; Peichl-Brak, M.; Drösler, M. (2020): A new methodology for organic soils in national greenhouse gas inventories: Data synthesis, derivation and application, Ecological Indicators, 109, 105838; DOI 10.1016/j.ecolind.2019.105838.

Trepel, M.; Pfadenhauer, J.; Zeitz, J.; Jeschke, L. (2017): Germany, in: Joosten, H.; Tanneberger, F.; Moen, A. (Hrsg.): Mires and peatlands of Europe – status, distribution and conservation; E. Schweizerbart'sche Verlagsbuchhandlung, Stuttgart, S. 413–424.

Umweltbundesamt (2019a): Berichterstattung unter der Klimarahmenkonvention der Vereinten Nationen und dem Kyoto-Protokoll 2019, Nationaler Inventarbericht zum Deutschen Treibhausgasinventar 1990–2017, Dessau-Roßlau, ISSN 1862–4359.

Umweltbundesamt (2019b): Methodenkonvention 3.0 zur Ermittlung von Umweltkosten: Kostensätze, Stand 02/2019, Dessau, Roßlau, ISSN 1862-4804.

Wichtmann, W.; Abel, S.; Drösler, M.; Freibauer, A.; Harms, A.; Heinze, S.; Jensen, R.; Kremkau, K.; Landgraf, L.; Peters, J.; Rudolph, B.-U.; Schiefelbein, U.; Ullrich, K.; Winterholler, M. (2018): Gute fachliche Praxis der Bewirtschaftung von Moorböden – Positionspapier (Langfassung), Zusatzmaterial zu Natur und Landschaft, 93/8: 391.

Wilson, D.; Blain, D.; Couwenberg, J.; Evans, C. D.; Murdiyarso, D.; Page, S. E.; Renou-Wilson, F.; Rieley. J. O.; Sirin, A.; Strack, M.; Tuittila, E.-S. (2016): Greenhouse gas emission factors associated with rewetting of organic soil; Mires and Peat, 17, S. 1–28; DOI: 10.19189/MaP.2016.OMB.222.

Wissenschaftlicher Beirat für Agrarpolitik, Ernährung und gesundheitlichen Verbraucherschutz beim BMEL, Wissenschaftlicher Beirat für Waldpolitik beim BMEL (2016): Klimaschutz in der Land- und Forstwirtschaft sowie den nachgelagerten Bereichen Ernährung und Holzverwendung, Gutachten, Berlin; http://www.bmel.de/DE/Ministerium/Organisation/Beiraete/_Texte/AgrVeroeffentlichungen.html.

Wissenschaftlicher Beirat für Agrarpolitik, Ernährung und gesundheitlichen Verbraucherschutz beim BMEL (2019): Zur effektiven Gestaltung der Agrarumwelt- und Klimaschutzpolitik im Rahmen der Gemeinsamen

Agrarpolitik der EU nach 2020, Gutachten, Berlin; https://www.bmel.de/SharedDocs/Downloads/Ministerium/Beiraete/Agrarpolitik/Stellungnahme-GAP-Effektivierung-AUK.pdf?__blob=publicationFile.

Zak, D.; Goldhammer, T.; Cabezas, A.; Gelbrecht, J.; Gurke, R.; Wagner, C.; Reuter, H.; Augustin, J.; Klimkowska, A.; McInnes, R. (2018): Top soil removal reduces water pollution from phosphorus and dissolved organic matter and lowers methane emissions from rewetted peatlands, Journal of Applied Ecology, 55, S. 311–320; DOI: 10.1111/1365-2664.12931.

Zeitz, J. (2016): Grenzen der entwässerungsbasierten Moornutzung, in: Wichtmann, W., Schröder, C., Joosten, H. (Hrsg.): Paludikultur – Bewirtschaftung nasser Moore; E. Schweizerbart'sche Verlagsbuchhandlung, Stuttgart, S. 3–20.

Abkürzungsverzeichnis

AUKM	Agrarumwelt- und Klimamaßnahmen
BBodSchG	Bundesbodenschutzgesetz
BEHG	Brennstoffemissionshandelsgesetz
BNatSchG	Bundesnaturschutzgesetz
CH_4	Methan
CO_2	Kohlen(stoff)dioxid
CO_2-Äq.	Kohlendioxidäquivalent
DBU	Deutsche Bundesstiftung Umwelt
EFRE	Europäischer Fonds für Regionale Entwicklung
EKF	Sondervermögen »Energie und Klimafonds«
ELER	Europäischer Landwirtschaftsfonds für die Entwicklung des ländlichen Raums
GAK	Gemeinschaftsaufgabe »Verbesserung der Agrarstruktur und des Küstenschutzes«
GAP	Gemeinsame Agrarpolitik der EU
GLÖZ	Standards für die Erhaltung von Flächen in gutem landwirtschaftlichem und ökologischem Zustand
ha	Hektar (10.000 Quadratmeter; 100 ha ergeben einen Quadratkilometer)
IPCC	Intergovernmental Panel on Climate Change, deutsch: Zwischenstaatlicher Ausschuss für Klimaänderungen, häufig als »Weltklimarat« bezeichnet
Mio.	Million, Millionen
Mrd.	Milliarde, Milliarden
N_2O	Distickstoffmonoxid, Lachgas
t	Tonne

Register

Anmoor 13, 22
Artenschutz 71, 78, 89, 106
Biodiversitätsstrategie 71
Bohlenwege 71, 80
Brenntorf 54, 62
chance.natur 110, 126
CO_2-Steuer 129
CO_2-Zertifikate 126
Eddy-Kovarianz-Methode 45, 46
EFRE 125
ELER 125
Fehnkultur 54
Gemeinsame Agrarpolitik der EU 108, 122
GEST 45, 46
Haubentechnik 45
Hochmoor 14, 15, 21, 37, 72, 87
Humifizierung 33, 34
Kohlenstoffspeicher 32, 39
LIFE 125
Methan 10, 30, 43, 47, 50, 86, 90
Mineralisierung 33, 34, 47
Moorbenefits 128
Moorbrandkultur 55
MoorFutures 128
Moorleichen 80
Moorsackung 65, 96
Naturschutzgroßprojekt 110, 126
Niedermoor 14, 15, 18, 36, 72, 87
Niedermoorschwarzkultur 55
Rohrkolben 18, 76, 98
Sackung 65
Schadenskosten 102, 127
Schilfrohr 97
Schwarztorf 37, 54, 62
Seggenrohrsänger 77
Sperre 83, 102
Treibhausgasbilanz 47, 67, 86, 90
Treibhausgase 9, 10, 29, 43, 67, 132
Torfabbau 62, 87
Torfbildung 34, 97
Torfmoose 14, 21, 73, 100
Torfzehrung 66, 94
Übergangsmoor 16, 22, 36
Überstau 51, 87, 90
Vermeidungskosten 102
Weißtorf 37, 62, 64
Wiedervernässung 50, 82, 103, 132

Nachhaltigkeit bei oekom: Wir unternehmen was!

Die Publikationen des oekom verlags ermutigen zu nachhaltigerem Handeln – glaubwürdig und konsequent. Auch als Unternehmen sind wir Vorreiter: Ein umweltbewusster Büroalltag sowie umweltschonende Geschäftsreisen sind für uns ebenso selbstverständlich wie eine nachhaltige Ausstattung und Produktion unserer Publikationen.

Für den Druck unserer Bücher und Zeitschriften verwenden wir fast ausschließlich Recyclingpapiere, überwiegend mit dem Blauen Engel zertifiziert, und drucken wann immer möglich mineralölfrei und lösungsmittelreduziert. Unsere Druckereien und Dienstleister wählen wir im Hinblick auf ihr Umweltmanagement und möglichst kurze Transportwege aus. Dadurch liegen unsere CO_2-Emissionen um 25 Prozent unter denn vergleichbar großer Verlage. Unvermeidbare Emissionen kompensieren wir zudem durch Investitionen in ein Gold-Standard-Projekt zum Schutz des Klimas und zur Förderung der Artenvielfalt.

Als Ideengeber beteiligt sich oekom an zahlreichen Projekten, um in der Branche und darüber hinaus einen hohen ökologischen Standard zu verankern. Über unser Nachhaltigkeitsengagement berichten wir ausführlich im Deutschen Nachhaltigkeitskodex (www.deutscher-nachhaltigkeitskodex.de).

Schritt für Schritt folgen wir so den Ideen unserer Publikationen – für eine nachhaltigere Zukunft.

Jacob Radloff
Verleger

Dr. Christoph Hirsch
Leitung Buch